编 委 会

XINYAN CHENGCAI

新颜成材

国网宁夏电力有限公司　编

黄河出版传媒集团
阳光出版社

图书在版编目（CIP）数据

新颜成材 / 国网宁夏电力有限公司编. －－ 银川：
阳光出版社,2021.4
ISBN 978-7-5525-5854-8

Ⅰ.①新… Ⅱ.①国 Ⅲ.①电力工业－技术培训－
教材 Ⅳ.①TM

中国版本图书馆 CIP 数据核字(2021)第 075895 号

新颜成材　　　　　　　　　　国网宁夏电力有限公司　编

责任编辑　申　佳
封面设计　赵　倩
责任印制　岳建宁

黄河出版传媒集团　出版发行
阳 光 出 版 社

出 版 人　薛文斌
地　　址　宁夏银川市北京东路 139 号出版大厦（750001）
网　　址　http://www.ygchbs.com
网上书店　http://shop129132959.taobao.com
电子信箱　yangguangchubanshe@163.com
邮购电话　0951-5047283
经　　销　全国新华书店
印刷装订　宁夏凤鸣彩印广告有限公司
印刷委托书号　（宁）0021211

开　　本　720 mm×980 mm　1/16
印　　张　12.25
字　　数　180 千字
版　　次　2021 年 5 月第 1 版
印　　次　2021 年 5 月第 1 次印刷
书　　号　ISBN 978-7-5525-5854-8
定　　价　58.00 元

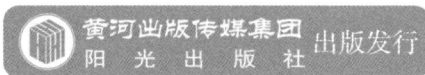

序　言

　　现代企业管理学经典理论认为，一个企业要想实现永续经营、持续成长，一靠战略和商业模式，二靠组织和人才。国家电网有限公司党组深入学习贯彻习近平总书记"四个革命、一个合作"能源安全战略，提出建设"具有中国特色国际领先的能源互联网企业"战略目标。实现战略目标，关键在人。国网宁夏电力有限公司以实施2020年基于战略的"海豚+"高潜人才梯队建设策划项目为契机，培养选树近20名高端人才。为充分发挥高端人才的引领示范作用，国网宁夏电力有限公司组织高端人才，结合专业特长、成长经历，开发示范培训课程，形成企业教育培训精品教材《新颜成材》，托举员工，特别是新员工快速成长。

　　《新颜成材》的课程内容主要包括技术类课程、技能类课程和生活类课程。技术类课程包括大电网运行与安全技术发展，区块链、5G等新兴技术应用。技能类课程则围绕电网运行检修维护展开。生活类课程的主要内容是自我管理、自我提升、自我赋能。在课程设置上，包括知识讲解、案例剖析、经验交流、体会分享、研究探索、前沿展望等。《新颜成材》与传统教材最大的不同之处在于，课程主要面向国网宁夏电力有限公司员工，特别是新员工开发，课程开发者都是国网宁夏电力有限公司的优秀人才，课程内容都来源于国网宁夏电力、电网的发展实践及开发者的亲身经历。

　　学习是基础，创新是动力，实践是关键。学习《新颜成材》有四重境界：首先是学习公司和电网的相关专业知识与技术技能，其次是学习电网企业的底层逻辑和工作方法，再次是学习高端人才的思维方式和认知结构，最后是学习高端人才的视野格局和道德境界。在实践层次上，要遵循"僵化、优化、固化、简化"的步骤。僵化，就是要认真学习《新颜成材》中的基本业务流程、基础操作规范，并严格执行。优化，就是要紧跟"智能+"时代发展趋势，主动应用新技术、新模式、新方法、新工艺，为公司和电网发展赋能，敢于并善于优化、迭代现有知识结构。固化，就是要善于把好的工作经验、方式方法升级为管理制度、操作规范、培训教材，促进企业提质增效。简化，就是要透过纷繁复杂的表象，从理论层面，总结提炼工作模式、管理模型，持续提升思维层次和精神境界。

盖有非常之功，必待非常之人。有《新颜成材》"加持"的新员工，必将缩短成长周期，以指数级增速，加快成长成才，必将实现公司和电网事业薪火相传、赓续发展，写好加快建设具有中国特色国际领先的能源互联网企业宁夏篇章！

目　录

技能类

生活类

技术类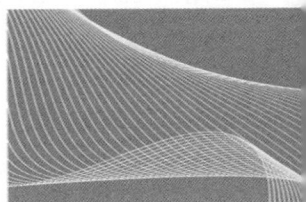

第一章　电压暂降与优质供电

电压暂降与优质供电，近年来宁夏电网已发生多起电压暂降引发用户停产事件，损失达数百万元。由于电压暂降未列入国家电能质量标准强制要求，未能引起国网公司重视，但是随着大量化工企业集中落地宁夏，变频器的敏感设备受电压暂降影响停机可能引发有毒污染物泄露、爆炸等重大安全事件，作为电网维护企业，掌握电压暂降产生的原因及主要治理措施是十分必要的。

第一节　电压暂降与短时中断

一、电压暂降与短时中断

（一）现行电能质量标准

GB/T12325-2008　电能质量供电电压偏差

GB/T15945-2008　电能质量电力系统频率偏差

GB/T15543-2008　电能质量三相电压不平衡度

GB/T12326-2008　电能质量电压波动和闪变

GB/T14549-1993　电能质量公用电网谐波

GB/T24337-2009　电能质量公用电网间谐波

GB/T30137-2013　电能质量电压暂降与短时中断

我国目前现行的电能质量标准主要有以上 7 项，其中前六项均属于电网稳态状态下电能质量标准，最后一项是在电网暂态状态下电能质量标准。

（二）电压偏差与三相不平衡

（1）GB/T12325-2008规定了电网供电电压偏差的标准，电压偏差指50 Hz电力系统在正常运行条件下，实际运行电压对系统标称电压的偏差相对值，以百分数表示。需注意该规程针对正常稳态方式。规程要求35 kV及以上供电电压正、负偏差绝对值之和不超过标称电压的10%；20 kV及以下三相供电电压偏差为标称电压的±7%；220 V单相供电电压偏差为标称电压的+7%，-10%；对供电点短路容量较小、供电距离较长以及对供电电压有特殊要求的用户，由供、用电双方协议确定。

（2）GB/T15543-2008规定了电网供电电压三相不平衡的限制要求，三相不平衡指三相电压在幅值上不同或相位差不是120°，或兼而有之。规程要求电网正常运行时，负序电压不平衡不超过2%，短时不得超过4%（短时指3 s~1 min的时间范围）。

二、电压波动和闪变

GB/T12326-2008规定了电压波动和闪变的限制要求，电压波动指50 Hz电力系统在正常运行方式下，电压方根均值（有效值）一系列的变动或连续变动。

此概念特指在正常运行方式下，可见电压波动幅度最大要求为4%，变化幅度较小，属于电压偏差要求范围之内。

电压闪变指灯光照度不稳定造成的视感，电压波动幅度增大到一定程度影响灯光等用电设备时的情况，通常在系统振荡时出现。标准中未给出具体闪变幅值，仅提出闪变次限制值。电压波动、闪变极易与电压暂降相混淆，需注意区分标准的使用条件，电压波动、闪变指电网正常状态下的电压变化，电压暂降指电网故障状态下的电压变化。

三、电压暂降与短时中断

由于前6项电能质量标准均针对电网稳态状态，因此2013年国家制定了针对暂态状态的GB/T30137-2013标准，标准定义了电压暂降、短时中断的概念：电压暂降指电力系统中某点工频电压方根均值突然降低到0.1~0.9，并在短暂持续10 ms~1 min后恢复正常的现象；短时中断指电力系统中某点工频电压方根均值突然降低至 0.1 p.u.，并在短暂持续 10 ms~1 min 后恢复正常的现象。但是该标准仅指出了电压暂降与短时中断的统计方法及推荐指标，无强制性要求。

第二节　暂降的危害

一、可能发生爆炸等重大安全事件，造成人员伤亡

化工类企业、液化气生产企业，生产工艺包括烷基反应、精馏、制冷压缩、液化气传输等环节，当电压暂降引起大量设备停机时会导致生产中断，造成反应器内化学物质无法正常流转，冷却设施停机造成超温超压，存在火灾及爆炸风险，可能导致人员伤亡。

二、可能导致化工企业出于安全考虑进行有毒有害气体释放

化工类企业生产工艺包括锅炉、空分、煤气化、合成气净化、油品合成、甲醇反应、污水处理、固废焚烧等环节，当电压暂降引起大量设备停机时会导致生产中断，为避免反应室超温超压发生爆炸，不得已将化学原料直接排放，造成环境污染。

三、可能导致企业停机停产，造成重大经济损失

半导体制造、合成纤维制造企业，生产工艺包括光刻、蚀刻、精制、纺丝、聚合等环节，当电压暂降引起大量设备停机时可能会产生大量的生产废料，造成重大经济损失。

2013 年，郑州富士康公司由于电压暂降每年损失约 13 亿美元；据统计，美国 2000 年由于电压暂降损失达 261 亿美元；国内半导体、化工类企业一次损失约几十万到几百万人民币；欧洲电能质量研究组织发布的报告中指出，电压暂降和供电中断造成的损失占全部工业损失的 60%。由此可见，电压暂降问题属于国际性难题。

第三节　暂降产生与危害

由电压暂降产生的机理，推导出电压暂降的传播特性，并介绍 GB/T30137-

2013 中推荐的电压暂降指标计算方法。

一、电压暂降的产生

引起电压暂降的原因很多,主要有系统短路故障、大型电机启动、大负荷用户投切、大型变压器激磁、电气设备遭遇雷击等,原因各异但产生的后果都相同:均会在系统中产生较大的电流。四川大学肖先勇教授认为大电流的产生是电压暂降的本质原因。

将引起电压暂降的原因进行简单归类,大型电机启动、大负荷用户投切、大型变压器激磁等均可归类为负荷电流变动,暂降持续时间长、幅度低,危害较小;雷击造成设备损毁、短路故障同属于系统故障,电压暂降持续时间短,暂降幅度高,危害程度巨大。目前国网公司设备防雷水平较高,且宁夏不属于雷电灾害地区,因此重点介绍短路故障引起电压暂降的治理。

对不同电压等级电网短路故障发生的概率进行统计分析,以宁东电网为例,2019 年宁东电网共计发生短路故障 187 次。线路故障次数随着线路电压等级的降低呈现增多趋势,特别是 10 kV 线路故障达到了 184 次,占全部故障的 98.4%。按照线路百公里故障次数统计,10 kV 线路平均百公里故障 5.32 次,远高于其他电压等级故障次数。

主要有以下几点原因:一是电压等级越高,杆塔对地距离也越大,不易发生车辆碰线等外破事故;二是电压等级越高,绝缘子等设备绝缘等级也随之提升,设备外绝缘爬距较大,不易发生雨雪闪络、异物短路等故障;三是高电压等级线路走向简单,多为两点间点对点供电或存在一至两回分支线路,故障概率较低;三是高电压等级线路多为架空线路,由于所用电力电缆终端头的制作工艺要求高,多为厂家专业人员制作,能够保证工艺质量。

反观 10 kV 配电线路,一是配网往往采用水泥电杆,导线距离地面较近,易发生外破事故;二是配网所用绝缘子等绝缘设备绝缘爬距较低,易发生污闪、击穿等短路故障;三是配电线路供电回路复杂,线路分支众多,用户众多,短路概率较大;四是低电压等级电缆终端头工艺较为简单,多为施工队制作,工艺较差;五是用户设备普遍存在运维不当问题,易引发公网线路跳闸。

对于短路故障,观测点电压暂降残压为故障电流流过观测点与故障点间阻抗产生的电压。

二、电压暂降的传播

按照故障发生时,发生电压暂降的位置不同,可将电压暂降的传播分为水平传播、垂直传播2类。

水平传播指电压暂降在相同电压等级母线间传播。

垂直传播指电压暂降向上级或下级电压等级电网(母线)传播。

三、暂降严重程度评估

《GB/T30137-2013 电能质量电压暂降与短时中断》给出了电压暂降与短时中断的推荐指标。

20 世纪 80 年代,美国计算机商业制造者协会基于大型计算机对电能质量的要求,提出 CBEMA 曲线,以防止电压扰动造成计算机及其控制装置误动和损坏。该曲线是根据计算机实验和历史教训绘制的。

2000 年,美国计算机商业制造者协会改称信息技术工业协会后,对 CBEMA 曲线进行了修订,称其为 TIC 曲线。

SEMI-F47 是半导体加工设备的电压暂降抗扰力规范,定义了半导体加工、度量、自动化测试设备的电压暂降抗扰力。

第四节　敏感用户分类与现状

本节主要介绍对电压暂降比较敏感的用户类型以及用户敏感设备类型,并简要介绍宁东地区现有敏感用户情况。

一、敏感用户类型

目前对电压暂降较为敏感的用户主要有以下几类:一是汽车行业,大量使用工业机器人,控制机器人对金属部件进行钻、切割等精密机械加工或喷涂设备时,如果发生电压暂降事件,会造成机器人误动作,造成产品报废;二是半导体、精密电子等行业,发生电压暂降时,若设备对电源电压的变化不能及时地做出动作时,就有可能引发故障,设备停止工作,生产的产品质量下降,或引起整个产品线停止运转,造成芯片、主板被毁坏;三是化工、化纤、造纸、玻璃等企业,变频、伺服系统使用较多,电机会因电压暂降而退出运行,给企业带来巨大损失;四是移动通信行业,当发生电压暂降时,造成通讯故障,严重时将会造成不可挽回的损失。

二、敏感设备类型

可编程控制器:当电压出现暂降时,PLC 停止工作或切除动作,造成设备误动作,轻者造成次品率增加,严重则会造成机器故障、损坏。目前 PLC 对电压暂降的容限曲线尚不明确,各厂家产品对电压暂降的容忍程度各不相同。

变频器:采用交–直–交变换原理,其主要由整流(交流变直流)、滤波、逆变(直流变频交流)、制动单元、驱动单元、检测单元、微处理单元等组成。电压暂降可使变频器控制回路失电或中间直流回路低电压,从而引起停机。

低压断路器欠压脱扣功能:为防止电机等设备在低电压下产生过电流导致损坏,用户侧低压总进线及重要馈线负荷断路器均带有欠压脱扣器,部分欠压脱扣器不具备延时脱扣功能,当发生电压暂降后,瞬时脱扣跳闸。

交流接触器:普遍应用于用户电机各软启动装置及带交流接触器的抽屉式开关中,当该类接触器励磁线圈电压跌落到 0.7 Ue 以下时,仅 4 ms 左右接触器即断开。

三、宁东地区主要敏感用户介绍

依据国网宁夏电力有限公司"试点攻关、全面排查、快速治理"的工作要求,国网宁东供电公司于 3—4 月组织专业人员调查宁东基地 15 家高危、重要用户并开展敏感专项排查工作。按照行业类型分析电压暂降对用户可能造成的影响及后果,掌握用户的应对策略、发现共性问题、提出初步治理措施。

宁夏宝利新能源有限公司、宁夏宝丰能源集团股份有限公司(甲醇厂)、宁夏宝丰能源集团股份有限公司(炼焦厂)、宁夏神化宁煤集团有限公司(煤制油)、神华宁夏煤业集团有限公司(煤基烯烃项目)、神华宁夏煤业集团有限公司(甲醇制烯烃项目)、神华宁夏煤业集团有限公司(甲醇项目)、宁夏恒有化工能源科技有限公司、宁夏和宁化学有限公司均属于化工产品制造行业,大量使用低压脱扣器、接触器、变频器设备。宁夏百斯特医药化工有限公司属于生物制药企业,宁夏宁东泰和新材有限公司属于新材料制造企业,也大量使用低压脱扣器、接触器、变频器设备。

宁夏北控睿源再生资源有限公司、宁夏君磁新材料科技有限公司、龙能科技(宁夏)有限责任公司、宝胜(宁夏)线缆科技有限公司均属于新材料制造企业,也会大量使用低压脱扣器、接触器、变频器设备。

第五节 电压暂降治理措施

一、电网侧措施

从电压暂降形成条件进行防治,通过减少短路故障的发生次数,减少故障清除时间,降低电压暂降的危害程度。可以通过强化配电线路绝缘化改造、加强线下树木修剪、增加避雷器、定期维护绝缘子等方式减少短路故障的发生次数,从而有效降低电压暂降发生概率。

通过优化电网供电方式进行防治。同一变电站主变采取分列运行方式,减少短路故障的影响范围。

二、用户侧措施

(一)敏感设备改造措施

变频器治理建议:一是在变频器设备直流部分外加直流供电单元,保证不会因低电压暂降引起设备故障告警而立即停机;二是在变频器交流电源输入部分加装防晃电模块,短时为变频器保持运行电压。

低压断路器欠压脱扣功能治理建议:一是总馈线断路器宜拆除低压脱扣功能,避免与下级低压敏感类设备功能重复;二是重要馈线断路器采用具备延时功能的低压脱扣器,以配合上级快切装置,合理躲过快切装置动作时间;三是工艺流程中非重要设备且在不损坏设备和产品、不危及人身安全的情况下宜将低压脱扣装置拆除。

可编程控制器及交流接触器治理建议:加装 UPS 等外接电源设备。

（二）固态切换开关（SSTS）

由晶闸管阀和并联高速机械开关组成的双电源切换开关。适用于双电源供电负荷，能够在一个半周期内将负荷切换至备用电源，适用于对电压暂降时间不敏感（电压暂降时间超过 30 ms）的用户。

（三）不间断电源系统（UPS）

通常用于单台计算机、计算机网络、数据中心、医疗、工业等领域，能提供优质电力保障。按照逆变器接入方式，UPS 可分为后备式、在线互动式、在线式、双逆变电压补偿在线式；按照输出形式可分为交流 UPS 和直流 UPS。

（四）动态电压调节器（AVC）

由逆变器、整流器、旁路开关、注入变压器以及控制单元构成。AVC 串联在供电电源与受保护负载之间，持续监测供电电源电压，一旦发现供电电压偏离额定电压水平，AVC 会通过逆变器和注入变压器迅速注入一个适当的补偿电压。由于没有储能元件，AVC 一般只能补偿单相跌至 40% 和三相跌至 60% 额定电压的暂降范围。

（五）动态电压恢复器（DVR）

DVR 是串联于电力系统和敏感负荷间的电压补偿装置。当系统正常运行时，负荷由系统供电，DVR 处于备用状态；当电压暂降发生时，DVR 迅速向系统注入补偿电压以保持负荷电压波形，DVR 的补偿速度为毫秒级。由于 DVR 只需要补偿系统电压的暂降部分，所以具有很高的工作效率。

（六）暂降补偿设备（MPC）

由日本某公司提出，该设备由高速电力电子开关 IGBT、逆变装置、储能单元组成。正常运行时，高速开关处于闭合状态，由市电给敏感负荷供电，储能单元处于恒压浮充状态，设备能耗较低；当检测到电压暂降时，高速开关快速断开，并由储能系统为敏感负荷可靠供电。该设备能在 2 ms 内从市电供电切换至储能单元供电，并且通过配置大容量储能单元可以应对长达 10 min 的电压暂降甚至短时电压中断。该公司的 MPC 设备能够覆盖 3.3~10 kV 的电压范围，并可直接用于中压回路，避免在低压用户侧使用多台低压设备。

（七）基于隔离阻抗静态变换器（ZISC）

由瑞士某公司提出，该治理装置由高性能功率转换器和耦合隔离线路电抗器构成，通过隔离线路电抗器与公共电网分离，功率转换器连续地调节和消除诸如谐波和电压不平衡的电力干扰，当电压暂降发生时，该设备能够快速切换至储能系统供电，从而有效解决电压暂降问题。

（八）实时控制型动态电压调节器（AVC-RTS）

AVC-RTS 仅在电压暂降时介入，与 MPC 具有相同的工作原理。当检测到电网电压下降过低或中断时，控制晶闸管关断，由储能系统为敏感负荷可靠供电，AVC-RTS 能够治理暂降深度 10%~90% 的电压暂降，甚至短时电压中断。与 MPC 不同的是，AVC-RTS 采用半控型晶闸管作为开关设备对电路进行切换控制，而MPC 采用全控型 IGBT 作为开关器件。

三、设备制造阶段措施

提高设备对电压暂降的耐受力是治理电压暂降、提高电能质量最有效的解决方法。但这一方法存在局限性，而且已经在使用的敏感负荷也无法通过技术手段提高其电压暂降的耐受能力，故对于用户侧已经在使用的敏感负荷，安装电压暂降治理设备是最有效的电压暂降治理措施。

第六节　关于优质供电

党的十九大提出，我国经济已由高速增长阶段转向高质量发展阶段，正处在转变发展方式、优化经济结构、转换增长动力的攻关期，建设现代化经济体系是跨越关口的迫切要求和我国发展的战略目标。

经过改革开放 40 多年来的快速发展，中国已经成为具有重要影响力的制造业大国。相关数据显示，2010 年，我国制造业生产总值首次超过美国，跃居世界第一；在世界 500 种主要工业品中，已有 220 种产品产量居世界首位。但是我国技术创新能力仍然薄弱，大量制造业企业总体上仍处在国际分工和产业链的中低端，产品附加值较低。长期以来，我国制造业优势在于低劳动成本、低土地成本、低廉的自然资源,但随着我国经济持续较快增长,对各生产要素需求的持续提升,原材料价格、劳动力价格、资源类产品价格的上涨趋势不可逆转。加之近两年来美国对我国高科技企业的不断打压,让我们清醒地认识到落后就要挨打,中国制造业必须加快由"中国制造"向"中国智造"转型的步伐。因此可以预见,在今后很长一段时间,半导体、新材料等高科技企业将快速发展,传统产业也必然加大机械化、智能化生产改造力度,优质供电需求正在不断提升。近年来,电网投资的重点在于不断完善网架结构、提升供电可靠性,但却忽视了电压暂降等供电质量问题。现如今,随着高科技产业的不断发展、产业园区的集中式建设,电压暂降治理已经成为迫在眉睫的问题。以宁东地区为例,近年来新接入用户已由煤化工、石油化工等初级原料企业向纤维、医药、精细化工等下游产业转变,且企业分布集中,供电电源集中,供电距离较短,系统短路故障产生的电压暂降幅度高、范围广、危害巨大,已发生多起电压暂降导致用户停产、减产事件发生,经济损失达百万元。因此,电网企业如何由可靠供电向优质供电发展、如何提供平稳可靠的电能供应已经成为一项重要课题。

作为电网企业,在电压暂降治理上应着重做好以下几个方面:优化用户供电方案,一是尽可能为重要用户提供不同电源点的双回路供电;二是重视集中供电区域用户敏感用电设备问题,通过电网运行方式调整,尝试"专变供电"、"专公分供"等方式减少配电网公网线路故障对敏感用户的影响;加强用电接入前期管理,按照"遏制增量"原则,一是审核用户用电设备预防电压暂降措施,并作为用户接入前验收的必验内容,督促用户提升抗扰动能力;二是将电压暂降免责条款纳入供用电合同,避免后期产生纠纷。按照"消化存量"原则,加强现有用户敏感设备排查,按照一户一案原则为用户制定电压暂降治理方案,同时形成工作报告,上报地方政府,由政府部门协调用户投资完善抗电压暂降设备。

第二章　智能变电站

第一节　智能变电站介绍

一、智能变电站的发展

2009 年公司启动智能变电站试点建设，2011 年全面推广建设智能站，2012 年提出研究与建设新一代智能站。截至目前，公司共有智能站 5 370 多座（第一代智能站 5 038 座，新一代智能站 330 余座）。

第一代智能变电站：主要采用了合并单元、智能终端、交换机、智能汇控柜、一体化监控等设备，取消了传统的二次接线，用 SCD 文件（全站系统配置文件）建立设备间逻辑关系，确定数据流向，并采用光缆采样及跳合闸，减少了电缆使用。

新一代智能站（第二代）：采用了电子式互感器、隔离断路器、预制舱、层次化控制保护等新设备。

第三代智能站：2019 年公司设备部会同国调中心在前期智能变电站基础上，进一步完善技术方案，共同提出了“电力物联网智慧变电站”试点建设思路。采用先进传感技术对变电站设备状态参量、消防安全、环境、动力等进行全面采集，充分应用公司通信数据网和人工智能、移动互联等现代信息技术，建设状态全面感知、信息互联共享的智慧变电站。

二、智能变电站的概述

全站信息数字化：常规变电站电缆接线，采集及处理的信息都为电信号（电流电压、跳合闸信号）；而智能站全部采用光缆，传输数字信号。

通信平台网络化：三层两网结构，由 GOOSE 及 SV 组成的过程层网络，间隔层设备及站控层设备之间的站控层网络 MMS 网,各种设备通过网络连接到一起。

信息共享标准化:各个设备之间自动完成信息采集、测量、控制、保护、计量和监测等基本功能，实现信息共享，这就要求各个厂家的设备之间互相通信，IEC61850 标准就建立了一个统一的变电站通信模型，各设备厂家在此模型基础上实现设备信息共享。

三、智能变电站特征

智能变电站特征有测量数字化、控制网络化、状态可视化(对运维及监控提供了便捷)、功能一体化、信息互动化。

智能变电站的发展、概述及特征是我们需要了解的内容,在掌握智能变电站的基本结构之后,我们会对其基本特征有一个更为准确的认识。

第二节　智能变电站结构

一、三层两网结构

智能变电站的三层两网结构:这是智能变电站的骨架,由站控层 MMS 网和过程层 GOOSE 网,将变电站从空间上划分成了 3 层:过程层(设备层)、间隔层、站控层。变电站内的任何设备都有其所在的区域,例如高压设备、保护装置、监控主机等。

二、工程配置

三层两网是硬件基础,SCD 文件则是智能站的软件核心。SCD 文件的生产由上图所示,从 ICD 文件的收集到 CID 的生成进行讲解。

三、监控系统五类应用

监控系统的五类应用中,前四项:运行监视、操作与控制、运行管理及信息综合分析应用,我们在常规的综合自动化变电站已经正式应用。智能变电站的高级应用及辅助功能,充分应用了数据通信和人工智能、移动互联等现代信息技术,实现变电站"操作一键顺控、设备自动巡检、主设备与辅助设备的智能联动"等智能应用,提升了变电站安全水平,运检质量,大幅增加运维效益。高级应用的实现,使

"大动物移植链"等现代信息技术在电力系统中得到广泛深度应用。

四、二次系统安防

纵向划分为调度端和厂站端,其运行工况和信息数据通过一体化监控单元以标准格式接入自动化系统,上传至控制中心。

横向划分为安全 I 区、安全 II 区、安全 III 区和安全 IV 区,通过电力系统专用的网络隔离装置进行隔离。(实现横向隔离纵向加密)

第三节 系统调试

一、系统调试

(1)一体化电源系统调试。

(2)通信系统调试。

(3)综自系统调试。

(4)继电保护整组传动。

(5)电流回路极性、通流试验。

(6)电压回路极性、提升试验。

(7)线路保护对调。

二、二次系统调试(流程)

在智能变电站各个子系统调试中,SCD 文件虚端子连线是继电保护人员调试验证的重点,在一个智能变电站,SCD 文件的形成要经过多次更新、不断完善(装置配置模型问题、设计虚端子问题、SCD 制作过程中出现的问题等均需在调试阶段解决)。

三、综合自动化变电站系统调试

遥测:指运用通信技术传输所测变量值。

遥信:指对状态信息的远程监视。

遥控:指具有 2 个确定状态的运行设备进行的远程操作。

遥调:指对具有不少于 2 个设定值的运行设备进行的远程操作。

遥视:指运用通信技术对远方的运行设备状态进行远程监视。

遥脉:指运用通信技术对远方的运行设备的脉冲量(如电能量)进行远程累计。

四、通信系统调试

智能变电站的两大网络体系,分别为站控层通讯网和过程层通讯网。其中过程层通讯网又可分为 GOOSE 和 SV 子网,GOOSE 和 SV 既可共网又可独立组网。

通信调试检查:MMS、GOOSE 网络的通信状态, 在调试过程中确保通信状态自检功能和告警的正确,监控系统具有完整的通信监视光子,如果调试不完整,将给后期的运行维护带来不便。

五、继电保护整组试验系统调试

整组试验的重点:纵向间隔内,横向之间,各装置之间的互操作性。包括线路保护、母线保护、主变保护等。

主要检查:

(1)检修机制、保护同步性能测试。

(2)互操作性检查:检查继电保护与合并单元、智能终端以及其他继电保护装置的配合。

(3)远方控制命令下发、保护信息上送测试。

第四节　典型案例

一、典型案例

(1)宁夏银川开源 110 kV 智能变电站,采用"电子式互感器+合并单元"进行电流电压量的采集,电子式互感器频繁烧坏,多次更换光模块。

智能变电站在系统高度集成、结构布局合理、装备先进适用、经济节能环保等技术方面取得了显著成效,但在运行过程中也暴露出了一些问题,刚开始采用"常规互感器+合并单元"进行电流电压量的采集,保护控制装置至智能终端采用光缆跳合闸及开关量的传输,在工程建设过程中,设计大多采用点对点方式,现场仍然存在大量的电缆、光缆,工程建设的工作量较大。2010年开始,采用了"电子式互感器+合并单元",这时又出现了案例1中的问题,案例中的现象不是个例,电子式互感器频繁烧坏,或在设备运行过程中多次出现采样延迟、不连续等现象(双AD采样);自2017年以来,基本采用常规采样,取消合并单元,常规互感器二次电流电压直接接入保护测控装置,站内网络结构依然为三层两网结构,保证设备运行的可靠性。

(2)在新梁220 kV智能变电站,110 kV线路保护采用国电南京自动化股份有限公司PSL621U产品,装置采用STJ闭锁重合闸放电,而智能终端只能采用KKJ动作重合闸充电,两者无法配合,导致线路保护的重合闸功能无法实现。应如何解决?

案例2的问题,是典型的设备之间的配合问题,这在智能变电站工程现场调试过程中非常常见,对于案例中的问题,国电南京自动化股份有限公司的保护装置采用STJ开入进行重合闸放电,是符合规程规范要求的;智能终端采用金智科技产品,采用KKJ动作开入到保护装置进行重合闸充电,来满足重合闸功能,也没有任何问题,但两者配合起来就产生了问题。

现场解决方法之一是将断路器手跳节点接入到智能终端遥信开入端子,通过更改SCD文件,将智能终端虚端子连接至保护装置STJ开入位置,来满足重合闸功能。

(3)宁夏宁新110 kV智能变电站,主接线采用扩大内桥接线,第二套主变保护与线路保护共用同一电流绕组,但两个保护装置对极性的要求不一致。现场应如何解决?

案例3的问题,是智能变电站设计不可避免的,但在现场实践中,在不改变设计与一次设备的情况下解决问题,是一个技术人员必须面对的困难,作为这一行业的专家,也是解决现场实际问题的能手,在困难面前更要积极想办法,往前冲,才能更好地带动周围的人,困难面前迎难而上。

案例中的问题,由于是内桥接线,线路保护和主变保护均从同一个合并单元采集数据,在不改变设计与一次设备的情况下,将CT二次绕组反极性接入两套合并单元,满足其中主变保护对极性的要求,在合并单元添加一组电流通道,取反极性上送数据,线路保护采用反极性的一组电流,解决了两者对电流极性的不同要求。

(4)宁夏石嘴山永乐 220 kV 智能变电站,中心交换机中 GOOSE 与 SV 共网,通过光缆连接到网络报文分析及故障录波装置,但其通信不稳定,缺少部分装置GOOS。E 块,或重复出现同一装置的报文现象。

原因分析:网络报文分析仪通过一组 GOOSE 网从中心交换机接收数据,由于GOOSE、SV 共网,数据量大,且录波通道中最多不超过 9 组 SV,超过 9 组 SV 后,造成网络报文分析以及故障录波的通信不稳定。

解决办法：将中心交换机 A、B 网的数据分别通过两组光纤接入网络报文分析仪,故障录波装置采用千兆口接入,避免因数据量过大而出现死机的现象。

二、具体改进措施

强化电网升级与改造。

智能变电站在不断发展的过程中,对设备、设计上的问题逐步改进,设备部归口管理智能变电站以来,全面调研第一代、新一代智能站运行情况,总结前两代智能站建设、运行经验教训,针对目前智能站存在的问题,编制了已投运和新建智能站优化提升措施。2019 年公司两会提出建设"坚强智能电网和电力物联网"发展战略。为落实会议精神,设备部会同国调中心在前期智能变电站完善提升研究基础上,进一步完善技术方案(二次方案由国调中心提出),共同提出了"电力物联网智慧变电站"试点建设思路。采用先进传感技术对变电站设备状态参量、消防安全、环境、动力等进行全面采集,充分应用公司通信数据网和人工智能、移动互联等现代信息技术,建设状态全面感知、信息互联共享的智慧变电站。实现变电站"操作一键顺控、设备自动巡检、主辅设备智能联动"等智能应用,深入推进变电站运维管理智能化、现代化,提升变电站安全水平,提高变电站运检质量,大幅增加运维效益。

第三章　5G 新技术的应用

第一节　5G 的背景

移动互联网和物联网的发展持续不断地改变着我们的生活方式和工作方式，不断地驱动着移动通信技术的应用与发展。未来，无线通信将广泛地应用在个人穿戴、居家生活、休闲娱乐和云端办公，以及工业、农业、医疗、教育、交通、金融和环境等各行业领域。

那么，什么是 5G？ 5G 会给以后的生活带来什么？

一、5G 与 4G 有何不同

1G 主要解决语音通信的问题。

2G 可支持窄带的分组数据通信，最高理论速率为 236 kbps。

3G 在 2G 的基础上，发展了诸如图像、音乐、视频流的高带宽多媒体通信，并提高了语音通话安全性，解决了部分移动互联网相关网络及高速数据传输问题，最高理论速率为 14.4 Mbps。

4G 是专为移动互联网而设计的通信技术，在网速、容量、稳定性上相比之前的技术都有了跳跃性的提升，传输速度可达 100 Mbit/s，甚至更高。

总的来说，5G 相比 4G 有着很大的优势。

在容量方面，5G 通信技术单位面积移动数据流量将比 4G 增长 1 000 倍；在传输速率方面，典型用户数据速率提升 10 到 100 倍，峰值传输速率可达 10 Gbps（4G 为 100 Mbps），端到端时延缩短 5 倍；在可接入性方面，可联网设备的数量增加 10 到 100 倍；在可靠性方面，低功率 MMC（机器型设备）的电池续航时间增加 10 倍。

由此可见,5G 将全面超越 4G,实现真正意义的融合性网络。

二、5G 业务类型——互联与物联

信息通信技术进入移动互联网络时代将带来社会与生活的深刻改变。

趋势 1:移动通信网络向随时、随地、随需接入演进,移动通信网络融合多种技术、多种业务,更高速、更高效、更智能。

趋势 2:智能终端引领移动互联的发展,推动应用服务快速创新,移动互联网以 6 个月为周期快速迭代。

趋势 3:移动通信带动芯片产业革命,集成电路产业快速发展,将进入"后摩尔时代",摩尔定律不是自然规律,而是对持续创新的期望。如果汽油的性能能够以同样的速度发展,1 升汽油能够使飞行器环绕地球旅行 573 圈。

趋势 4:基于移动互联网络的应用无处不在,移动、宽带、泛在的移动互联网络,引发信息通信新技术变革。

趋势 5:移动互联网推动传统产业价值重构,移动互联网时代背景下的思维方式将深刻印象已有平衡打破,对传统方式、原则、标准、产业链从方式到方法的深刻变革,也将对资源、载体、竞争与效率产生新的挑战,未来都将面临这一变革和思维重铸,再造新的价值链连接转型。

趋势 6:数据流量增长将推动移动通信技术持续演进,移动互联网和物联网为 5G 发展提供广阔发展空间。

三、5G 的发布

2019 年 10 月 31 日,在"2019 中国国际信息通信展览会"开幕式上,工信部与三大运营商举行了 5G 商用启动仪式,全国首批 50 多个城市正式开启 5G 商用。11 月 1 日起,三大运营商正式开启商用套餐。

工信部数据显示,截至 2019 年 9 月底,3 家基础电信企业在全国开通 5G 基站 8 万余个,2020 年是 5G 基站大规模建设期,目前已经逐步部署到全国各个城市。

四、发展 5G 为我国国家战略

近期,习近平总书记就加快 5G 发展多次作出重要指示,强调要"推动 5G 网络加快发展"、"加快 5G 网络、数据中心等新型基础设施建设进度"。

2020 年 3 月 23 日工信部发布《关于推动 5G 加快发展的通知》,这是贯彻落实习近平总书记重要指示精神的具体举措,是当前 5G 商用关键时期推动 5G 加快发展的工作指引,有利于凝聚共识、明确方向,集聚各方力量,加快 5G 协同发展。

五、全球 5G 竞争态势

5G 不再仅仅是更高速率、更大带宽、更强能力的空中接口技术,而是面向业务应用和用户体验的智能网络。它是一个多业务、多技术融合的网络,通过技术的演进和创新,满足未来包含广泛数据和连接的各种业务的快速发展需要,提升用户体验。

第二节　5G 的关键技术与展望

一、5G 网络概念的三个要点

根据移动通信论坛发布的《5G 白皮书》,从信息交互对象不同的角度划分,未来 5G 应用将涵盖三大类场景:增强型移动宽带（eMBB）、海量机器类通信（mMTC)和低时延高可靠通信（URLLC)。其中,eMBB 场景是指在现有移动宽带业务场景的基础上,对用户体验等性能进一步提升,主要还是追求人与人之间极致的通信体验。mMTC 和 URLLC 则是物联网的应用场景，但各自侧重点不同:mMTC 主要是人与物之间的信息交互,URLLC 主要体现物与物之间的通信需求。

二、5G 网络的关键能力特征

随着用户体验要求不断提升,5G 网络所具备的千亿设备连接、海量数据传输能为用户带来极高的体验质量(QoE)。

与 4G 相比,5G 所具有的优势:

在规模和场景上,十倍用户数密度增长,百倍数据流量密度增长,两倍移动速率增加。

在数据率上,千倍单位面积容量增长。百倍用户体验速率增长,几十倍峰值传输速率增长。

在时延上,十倍端到端延时降低。

在能耗和成本上,百倍能效增加,十倍谱效增加,百倍成本效率增加。

三、5G 发展需求

5G 不单单是通信技术的革命,更是一场产业的革命,它将紧密地与人工智能、物联网、大数据和云计算连接在一起,为我国各行业带来裂变式发展,5G 技术的领先意味着中国将会在全球数字经济中占据领先地位。当下 5G 网络的到来对于使用体验是"质"的变化,出行、居住、就医、教育等与生活息息相关的场景都是颠覆性的改变,这也是中国对于 5G 需求的根本驱动力。5G 关键技术主要面临的挑战主要有:频谱资源有限、信道条件在高速移动中恶化以及新频段信道特性的表征。

为了实现 5G 发展目标,需要什么关键技术?

四、5G 主要应用场景及关键技术

(1)毫米波通信:增加带宽是增加容量和速度最直接的方法,6 GHz 以上频谱资源丰富(高频段带宽资源尚待开发),可提供几十 GHz 带宽,波束集中,能效高,方向性好,受干扰影响小。毫米波通信技术目前已经实现 10 Gbps 的传输速率,据预测,未来毫米波通信速率可快于光纤速率。

(2)大规模天线:基站使用大规模天线阵列(几十甚至上百根天线)为相对少的用户提供同传服务,适用于高用户密度或者室内场景;多天线技术经历了从无源到有源、从二维(2D)到三维(3D)、从高阶 MIMO 到大规模阵列的发展,将有望使频谱效率提升数十倍甚至更高,系统容量和能量效率大幅度提升。

(3)滤波器组多载波(Filterbank multicarrier:FBMC):优势为频谱利用效率高,抗频率选择性衰落。除了 FBMC 外,还有多种波形改进技术,各种改进的传输波形技术为 5G 性能提升提供多样选择。

(4)非正交传输:可规避用户间干扰系统,容易实现,可达到最优容量,并改善弱用户可达速率。

(5)先进编码与调制技术:其中调制方式的演进为空间调制和频率正交幅度调制,以天线的物理位置来携带部分发送信息比特,提高频谱效率,能够提高小区

边缘用户的通信质量。

（6）超密集组网：使无线通信回归到"最后一公里"，拉近用户与天线的距离，提高速率，增强服务覆盖面积。

（7）同时同频全双工：现有的无线通信系统中，由于技术条件的限制，不能实现同时同频的双向通信，双向链路都是通过时间或频率进行区分的，对应于 TDD 和 FDD 方式。由于不能进行同时、同频双向通信，理论上浪费了一半的无线资源（频率和时间）。最近几年，同时同频全双工技术吸引了业界的注意力。利用该技术，在相同的频谱上，通信的收发双方同时发射和接收信号，与传统的 TDD 和 FDD 双工方式相比，从理论上可使空口频谱效率提高 1 倍。由于接收和发送信号之间的功率差异非常大，导致严重的自干扰，因此实现全双工技术应用的首要问题是自干扰的抵消。目前为止，全双工技术已被证明可行，但暂时不适用于 MIMO 系统。

五、新型网络架构

为满足 5G 的需求，5G 网络技术会向如下几个方面发展：异构网络融合、多接入技术并存、超密小区、云计算、弹性资源管理、网络智能。这些技术特点要求我们处理好成本问题和网络协同问题，进而需要我们在网络架构的设计思路上做出调整。

业界已经意识到了垂直传播、互联基站的方式会带来巨额开销（2G/3G 时代），在 4G 网络中，引入了 SDN 的理念，将数据平面与控制平面分离，并把控制中心化（局部的，范围很小），使网络管理更加灵活。而在 5G 时代，业界普遍认为还要继续沿用这一思路，但是会进一步借助虚拟化技术实现 IaaS 的理念，并利用云计算、大数据处理技术提供更灵活的网络管理。

C-RAN 是目前业界认同度很高的云架构。基本架构思想是利用 RRU（Remote Radio Unit，远端射频单元）替代传统基站，RRU 只负责基本的收发任务，结构简单，成本低廉，这也符合 SDN 中用户与数据平面分离的思想。RRU 通过光纤与后台运行中心相连，云后台提供统一管理。

在这种架构下，多点协作接入会更容易，用户会获得更高的接入速率，而云后台强大的处理能力能够在短时间内完成各种动态网络优化任务。RRU 的结构特性决定了它的低建设成本与低维护成本,对未来布置超密小区而言再适合不过了。

SDN 的数据与用户平面分离和 C-RAN 瘦基站的区别:SDN 的数据与用户平面分离是 Internet 的产物,它考虑的是软件层面,解决网络中各种管理软件、协议的扩展性、灵活性问题,但是不涉及网络设备的低成本化。这个思想可以认为是迈向虚拟化的第一步。

六、大唐联合产业界共同展望 5G

大唐网络有限公司作为中国信息通信科技集团旗下新一代信息技术公司,依托中国信息通信科技集团在 5G 领域的技术优势和整体布局。大唐网络已围绕 5G 应用创新开展了一系列工作,进行了大量的研究和探索。

七、5G 技术愿景

5G 会渗透到未来社会的各个领域,以用户为中心构建全方位的信息生态系统。为用户提供光纤般的接入速率,"零"时延的使用体验,千亿设备的连接能力、超高流量密度、超高连接数密度和超高移动性等多场景的一致服务,业务及用户感知的智能优化,同时将为网络带来超百倍的能效提升和超百倍的比特成本降低。

第三节　5G 的电力应用

一、基于 5G 网络的电力物联网部署

通过了解对 5G 新技术在当前国网建设当中的实际应用,能够更加深刻地感受到 5G 新技术对于企业的发展和人民的生活息息相关。

电力业务有别于公网业务的重要特征就是生产控制类业务的低时延与高可靠连接需求,传统 4G 技术仅能提供 100 ms 的数据面时延,300 ms 的控制面时延,难以满足电力行业的特殊需求,利用 5G 新技术实现空口时延优化,并综合网络切片、边缘计算与分离结构实现具有重要生产控制属性的电力业务的低时延与高可靠接入与处理是研究难点。

电力通信网与 5G 网络融合组网之后,电力业务管控平台与运营商的运营管理平台需要进行数据交互和协同管理。应具备连接管理、终端管理、切片管理等功能。电力业务管控需要监控端到端网络切片运行的状态、质量、资源消耗等,确保满足电力业务质量要求。

二、5G 典型应用

在具体项目成果应用上,主要分为 3 大类别,分别是基础类业务、扩展业务和特殊场景业务,后文有成果应用案例的介绍。

三、分布式能源调控(大连接)

分布式能源是一种建在用户端的能源供应方式,可独立运行,也可并网运行,是以资源、环境效益最大化确定方式和容量的系统,将用户多种能源需求及资源配置状况进行系统整合优化,采用需求应对式设计和模块化配置的新型能源系统,是相对于集中供能的分散式供能方式。

四、无人机巡检(高带宽低时延)

无人机具有携带方便、操作简单、反应迅速、载荷丰富、任务用途广泛、起飞降落对环境的要求低、自主飞行等优势。随着航空、遥感以及信息处理等技术的快速发展,电力行业积极开展线路施工及运维检修新技术研究,其中无人机在线路架设牵引及线路巡检上方式灵活、成本低,不仅能够发现杆塔异物、绝缘子破损、防震锤滑移、线夹偏移等缺陷,而且能够发现金具锈蚀、开口销与螺栓螺帽缺失、查找闪络故障点等人工巡检难以发现的缺陷,可与直升机和人工巡检方式协同配合,成为线路运检技术发展的重点方向之一。

五、智能分布式配电自动化(低时延)

随着电力可靠供电要求的逐步提升,要求高可靠性供电区域能够实现电力不间断持续供电,将事故隔离时间缩短至毫秒级,实现区域不停电服务,则对集中式配电自动化中的主站集中处理能力和时延等提出了更加严峻的挑战,因此智能分布式配电自动化成为未来配网自动化发展的方向和趋势之一。其特点在于将原来主站的处理逻辑分布式下沉到智能配电化终端,通过各终端间的对等通信,实现智能判断、分析、故障定位、故障隔离以及非故障区域供电恢复等操作,从而实现故障处理过程的全自动进行,最大可能地减少故障停电时间和范围,使配网故障处理时间从分钟级提高到毫秒级。

六、高级计量(大连接)

近年来,随着国家智能电网战略的实施,其相应配套的智能终端高级计量系统向高精度、多功能、智能化的方向发展。以智能电表为基础,开展用电信息深度采集,满足智能用电和个性化客户服务需求。

七、巡检机器人(高带宽低时延)

炎热的夏天室外气温过高,由于阳光的暴晒,设备区的温度甚至让人无法忍受;而下雨天又影响视线,传统的人工巡检需要在各种天气下进行,有的表机由于高温蒸汽,肉眼已经无法辨识;有的设备位置高,看起来费劲,还有高强度太阳光的刺射,巡视难度更大。而智能巡检机器人的出现,就是为了解决以上的难题。它们身材都比较小,可以在变电站内普遍存在并持续作业。

八、5G+电网业务系统(云)

5G技术运用在国家电网中的一些具体业务实例,以高相关度场景和中相关度场景分为2个模块。5G技术的发展已经深入电网以及各个领域的发展,与我们的生活息息相关。

第四章　智能运检技术的应用与推广

第一节　智能运检的目的和意义

一、国家电网公司层面

(一)国家战略

互联网+战略。

国家大数据战略。

新一代人工智能发展规划。

建设网络强国、数字中国、智慧社会。

(二)国网战略

国家电网公司2020年提出建设"具有中国特色国际领先的能源互联网企业"的战略目标,应用大数据改变公司传统管理模式。

新信息技术和核心业务融合应用,建设智能化监测预警体系,提升电网设备安全和管控水平,国家电网公司2020年提出建设"具有中国特色国际领先的能源互联网企业"的战略目标,宁夏检修公司以助力建设坚强智能电网为己任,主动适应国家能源革命转型、坚强智能电网快速发展的需求,突破传统运检管理模式,提升智能化管控体系在输变电领域的应用水平,推进现代信息通信技术、智能控制技术与运检专业的深度融合,优化业务流程、创新管理模式,提高资源优化配置效率,提升运检专业管理穿透力和设备状态管控力,构建更加高效的生产指挥协调机制,全面推进运检模式转型,进一步夯实电网坚强基础,提高运检效益和安全管理水平。

二、国网宁夏电力有限公司现状

特征:小省区、强电网、大送端。

750 kV 系统双环网结构。

±800 kV 灵绍直流。

±660 kV 银东直流。

通过 4 回 750 kV 线路与西北电网相连。

结论:电网的快速发展要求人员、设备及技术等快速提升,运检过程管控能力不足。

三、运检信息综合能力不足

设备电网信息监视,职责在调控部门,在变电站无人值守的情况下,运检管理缺少综合分析和辅助决策支撑机构,无法实时掌控设备状态、现场、人员等各类信息,运检人员无法在第一时间获知现场设备状态。

当前国网宁夏检修公司已经建成大量信息化系统, 如 PMS、D5000、OMS、统计分析等数据系统,存在各类设备信息系统繁多分散、数据重复录入、台账信息模糊、运维被动等问题,导致设备管控存在专业壁垒,业务协同程度较弱,数据集成度和共享程度不高等问题,制约公司设备精益化管控水平提升。

四、人员设备现状

传统模式下, 运检指挥链条长、协调难, 资源统筹调配作用未得到充分发挥,特别是在应急抢险、供电保障时更为突出,迫切需要构建扁平化、集约化的指挥体系,打通各管控系统纵向信息交互通道,使底层信息能直接连接到管理层,改变传统分散指挥模式下指令层层衰减、信息传递失真的弊病,迫切需要提升运检管理的穿透力。另外,人员难以与设备保持相适应的增长速度,缺员问题将会日益凸显。需要应用新的技术和装备,减少人员工作量,解决人员相对短缺问题,达到提质增效目标。

五、课题的提出

随着电网设备数量继续增加,日常运维、检修工作量成倍增长,传统的管控指挥方式已不适应全方位、精细化、穿透式的管理需求。

（1）信息化、智能化水平亟待提升，自动化技术应用较少，部分技术停留在试点层面，传统的作业手段和单一的数据系统难以适应更集约化、更自动化、更智能化、更精益化的管理要求。

（2）设备信息未有效整合利用，设备数据（台账）信息分散管理无法发挥数据价值，各运维系统和台账系统的数据没有有效贯通，不同专业的数据没有相互支撑，变电一、二次设备及输电设备之间数据缺少有效关联，无法发挥数据价值。

（3）数据价值挖掘能力不足。随着各类自动化终端的增多，缺乏统一标准、接口和数据融合分析机制的问题也随之暴露。数据传输受通信通道的制约，存在滞后性，大量数据的集中分析使单一系统难以承载，制约了数据利用效率与决策效率的提升。

（4）管控资源未形成智能管控体系，不能有效共享及时支撑决策，解决生产、协调等管理问题主要依靠人力推动，先进经验和资源难以互动。通过信息化平台的融合互通，并将现代通信技术与传统运检技术相结合，实现运检作业效率和效益的双提升，达到提质增效目标。

第二节　精准实施成效显著

一、创建平台

顶层设计统一部署。

系统架构分为数据层、平台层、应用层。其中数据层包括已接入来自机器人的监测数据，并可以远期规划对机器人集中控制；从全业务数据中心接入 PMS 的台账数据，并可以实现缺陷、维护记录上传 PMS；已接入移动作业平台，实现移动端作业缺陷、巡视、维护数据自动实时上传至运维管理系统，避免手动录入，减轻工作量；已与 D5000 系统通过消息总线接口实现实时数据传输，各类设备运行状态、告警、保护动作信息能够第一时间看到；已接入主变油色谱、蓄电池在线监测信息，后期可以实现各类在线监测、物联网应用子系统的集中接入。

检修公司基于多维资源信息共享的设备精益管控体系建设的目标和任务，发挥自身管理和数据资源优势，面对精益管控体系建设对业务和数据信息在链接、融合、共享等方面提出的越来越高的要求，以电网运行的安全性、可靠性、经济性为前提，以物联网、移动互联、云计算、大数据等现代信息网络技术为依托，并利用大数据的辅助分析能力，构建多信息"共享"、多专业"联动"、全过程"闭环"的智能运检平台。实现多源信息一体化融合，全面集成运检全业务数据信息，有力支撑设备管控、运维管控和检修管控的落实，提升运检本质安全和管理精益化水平。

二、设备信息多源采集

结合宁夏主电网运检实际和智能运检主体架构，确立智能运检典型领域技术发展重点，以物联网、移动互联网技术应用为基础，通过 PDA 移动终端、智能设备、智能传感器、智能在线监测系统、远程视频监控、线路无人机和机器人等多源端采集现场输变电设备信息，融合基于物联网在线监测，将终端的数据通过网络和数据接口实现贯通，通过对设备时效分析、多维监控、设备运维、安全预警、智能评价、精准预测的大数据监测、分析和评价，全面感知设备运行状态，实现数据信息的深度采集，形成以数据应用为支撑的全覆盖、多维度闭环管理模式，把设备安全平稳运行引领到全方位、全过程和全指标的管理中。

三、实现多源信息一体化融合

基于多源端信息采集，贯通系统数据资源，实现多源信息一体化融合，以电网运行的安全性、可靠性、经济性为前提，以物联网、移动互联、云计算、大数据等现代信息网络技术为依托，系统融合 PMS、D5000、OMS 系统数据，同时打通检修、运行、调度等多专业数据接口，有效促进电力物联网感知层和网络层的建立，在平台层进行数据转化、业务处理，深度挖掘 PMS、OMS、EMS 等多个系统的业务信息，基于一体化信息模型，实现多系统数据的并行计算，完成业务信息从孤立分散到集中融合，将设备台账、异常告警、故障等信息自动推送，最终在应用层实现管理及一线生产人员内网应用，从而实现数据流支撑业务流，业务流驱动实用化，实现停电范围追溯分析、异常设备诊断定位、设备信息主动掌握、运维指标实时监控等功能，全面支撑图形、表格、工单、流程的实时展示。

四、数据分析可视化

(一)风险预警

利用大数据进行计算、分析模型,开展综合统计和关联分析,实现信息从上而下逐层深入钻取,并以图形化方式呈现。进行电网设备重过载预警、气象预警、电网风险预警、在线监测预警,进行信息发布、协调指挥、制定措施,有针对性地提升了电网监测、分析与决策支撑能力。

(二)故障研判

故障发生:系统自动推送故障前后状态数据,提供系统历史故障、缺陷、隐患等信息。

分析研判:系统提供最佳抢修路径、故障点气象条件及现场视频图像,提供各类抢修资源。

故障抢修:检修准备,实时记录,全程监控。

抢修结束:上传检修结果,获取数据,开展辅助决策高级分析。

(三)大数据智能化分析预警

可视化系统通过建立典型缺陷样本库,依靠人工智能深度学习,通过机巡作业图像智能分析,实现缺陷自动识别,通过通道可视化智能巡视,实现隐患实时预警。

(四)大数据智能化分析预警实例

2019 年 8—10 月,宁夏检修公司针对贺湖 I 线、州川 I/II 线 185 km 典型区段,开展每月一次的输电通道卫星遥感巡视。通过对输电通道 13 类隐患智能识别,发现 8—10 月贺湖 I 线新增 4 处易漂浮物、7 处施工作业区和 5 处建筑物高风险点,州川 II 线新增 6 处易漂浮物和 5 处施工作业区高风险点。

(五)输电通道卫星遥感智能巡视

宁夏检修公司率先在西北五省开展输电通道卫星遥感智能巡视,实现了输电线路通道隐患早发现、早治理。结合人员到位核查,初步探索形成了卫星—无人机—地面的"空—天—地"立体智能巡检体系,在立体智能巡检落地实践方面积累了宝贵经验。

（六）大数据主动预警

1. 数据分析

通过对多个系统中海量数据的分析处理、整合重组，将表征设备健康状况的数据以最优方式展现，为设备故障预判提供有效的信息支撑，提升设备本质安全水平。

2. 事前防范

在故障处置方面，一旦发生故障跳闸，系统第一时间推送告警信息，自动检索故障涉及的变电站、线路，并同步推送设备变位、故障录波、雷电定位、视频监控等辅助研判信息。

通过设备参数模块可查询相关设备台账信息。可以通过调阅事件列表、机器人巡视、辅助监控、油色谱等辅助手段，对故障进行分析研判。

（七）运检业务流程化

系统通过设备检试验周期、项目、缺陷等自动生成检修计划，并在移动作业平台进行任务派发，作业人员使用PDA移动作业，最后系统评价验收，后期可进行质量追溯。

1. 缺陷闭环管理

验收、检测、精益化评价、检修、运维工作中发现缺陷，PDA缺陷自动上传至智能运检系统，缺陷线上管理、审核，工单派发，办票消缺，系统缺陷验收，后期可进行评价追溯。实现缺陷闭环管理，五通全覆盖。

2. 业务流程全覆盖

通过集中的业务处理平台，实现变电站缺陷、计划、工时积分等运检业务标准化流程管理，实现运检资源的优化安排，有效提升工作效率。以交接班为例，传统方式耗时1 h，并以纸质资料留存，应用系统后1 min一键式生成交接班小结，以电子化保存，节约纸张，有效缩短交接班时间，实现运检业务和管理信息自动化、智能化的有机结合。

（八）智能运检新技术运用

采用"站端+调度端"方式，母线、主变、线路由运行至冷备状态互转，已完成一键顺控现场测试,已完成青龙山 330 kV 变电站、塞上 330 kV 变电站二次软压板一键顺控项目实施。

电网的发展离不开输电线路的支持,对输电线路运行的维护是保证电网工作的重要前提。因为输电线路往往距离比较长并且容易受到外界影响,因此时常会出现故障和问题,从而导致最终的输电线路难以继续运行下去。那么,输电线路智能化发展已经成为未来输电线路发展的主要方向,这样既可以有效地提高运行维护水平,又可以减少人工及成本支出。

(九)日常工作智能化

通过系统一键式交接班,选择交班时间、接班时间、交接班人员、天气,系统依据 PMS、PDA 及本系统录入数据,按照五通标准模板生成巡视、工作票、操作票、调控指令/缺陷等内容,使运维工作减负增效。

1. 一键式报表生成

树立"机器代人"理念,采集多元数据,机器人自动采集上报红外测温、气压油位等设备参量,系统自动整合 D5000 等系统数据,一键式生成报表。

2. 设备资料智能检索

设备资料智能检索,建设"三库一图":设备信息库、设备资料库、典型案例库和可视化视图。统一标准,梳理档案,以设备资产全寿命周期管理为主线,实现三库数据贯通、一图统一战线,模糊检索,方便查询,从而实现台账信息可编辑,数据关联,迅速查找相关内容,PMS 台账增量导入,信息库快速高效检索。

第三节　后续展望持续改进

一个体系:应用迭代、中台融通、人机互联、物物互联。

两条主线:数据融通、业务协同。

三项提升:电网安全保障能力、数据融合能力、对外合作共享能力。

围绕物物互联、人机互联、中台融通、应用迭代,构建一个体系,以业务协同、数据融通为主线,最终实现电网安全保障能力、数据融合应用能力、对外合作共享能力提升。

下一步,将稳步推进设备状态智能感知、图像智能识别、数据智能计算,重点开展系统手机端移动办公及设备物联、数据互融互通建设,使运检工作"智"起来,管理人员"强"起来,一线班组"能"起来。

第五章　变电站综合自动化系统

第一节　变电站综合自动化系统简介

一、变电站综合自动化系统定义

无论从事电力行业相关的何种专业，一定知道电力系统发、输、变、配四个环节。发即指发电厂的电能生产环节，输即指将电能传输向远方的环节，变即指将电能电压调高或降低的环节，配即指将电能分配给用户的环节。为了加强对电能的管理和控制，确保电力系统运行的稳定，变电站引用了电力系统自动化技术，通过对这一技术的使用，一方面能够促进输配电及用电传输质量的提高，另一方面也能够提高其传输效率，保证人们的用电需求能够得到极大的满足，并促进电力行业可持续发展。可以说电力自动化系统即为整个发、输、变、配环节的神经系统，起到帮助调度员、运维人员实现监视、控制、调节的作用。那么今天，我们就来一起认识电力系统自动化技术的一个重要组成部分——变电站综合自动化系统。

变电站综合自动化系统的定义：将变电站的二次设备（包括控制、信号、测量、保护、自动装置、远动装置）利用微机及计算机技术经过功能重新组合和优化设计，自动控制、测量、运行操作及协调的综合性自动化系统。变电站综合自动化系统是利用多台微型计算机和大规模集成电路组成的自动化系统，用以代替常规的继电保护屏，改变常规的继电保护装置不能与外界通信的缺陷。因此，变电站综合自动化是自动化技术、计算机技术和通信技术等高科技在变电站领域的综合应用。变电站综合自动化系统可以采集到比较齐全的数据和信息，利用计算机的计算能力和逻辑判断功能，方便地监视和控制变电站内各种设备运行和操作。所以，能作为一名合格的变电站自动化场站调试检修人员，对个人的能力要求是很高的，需要掌握自动化技术、计算机技术、通信技术及相对简单的电气知识。下面，我们通过一张典型的网络结构图，先直观地了解下变电站自动化系统的构成。

二、变电站典型网络结构

现在电网系统里最多听到的变电站结构是"三层两网"，三层即站控层、间隔层、过程层，两网即站控层网络和过程层网络，该网络结构为目前智能变电站典型网络结构。电网工作人员所提到的过程层及过程层网络，实际上是间隔层的延伸，由于本次主要讲解内容为变电站综合自动化系统，所以，先要了解典型综合自动化变电站网络结构。

第二节　变电站自动化专业发展历程

变电站自动化技术的发展，同样离不开计算机技术、网络技术及通信技术的发展，下面一同了解一下变电站综合自动化系统的发展历程。

变电站综合自动化系统主要经历了 4 个发展过程，第一个阶段即远动终端加继电保护阶段，第二个阶段为变电站计算机监控系统加继电保护模式，第三个阶段为监控系统加微机保护，第四阶段即为现在所应用的智能变电站。从每个阶段的名称可以看出，自动化系统是从单一设备逐步走向网络化、智能化发展的。通过每个时期、每个阶段的变化，也见证了中国坚强智能电网的不断进步与不断发展。

下面就了解一下变电站自动化系统的 4 个重要时期。

一、远动终端设备

第一代自动化系统为自动化的初级阶段。主要集中在 20 世纪 80 年代及以前，是以 RTU 为基础的远动装置及当地监控（模拟屏）所组成。该类系统实际上是在常规的继电保护及二次接线的基础上增设 RTU 装置，功能主要为与远方调度通信实现"四遥"（遥测、遥信、遥控、遥调）；与继电保护及安全自动装置的连接通过硬接点接入或串行口通信较多，此类系统称为集中 RTU 模式。

一个关键的名词——集中式，是变电站自动化系统发展过程中的一种网络结构设计,在后面的阶段还会看到分布式、分层分布式设计,在这里先学习一下集中式。

集中式是采用不同档次的计算机,扩展其外围接口电路,集中采集变电站的模拟量、开关量和数字量等信息,集中进行处理运算,分别完成微机监控、微机保护和一些自动控制等功能。其特点是:对计算机性能要求较高,可扩性、可维护性差,适用于中、小型变电站。

第一代的自动化系统甚至不能称之为系统,因为仅有一台 RTU 来实现全站所有设备信息的采集,然后完成传输数据上送的调度过程,人们看到的当地监控已属于高级配置,实际当时监控主要采用纯电缆连接的信号模拟信号屏为主,相比现在的变电站,缺点不言而喻,RTU 可获得的保护信息相对较少,这些自动装置,相互之间独立运行,互不相干,而且缺乏智能,没有故障自诊断能力,在运行中若自身出现故障,不能提供告警信息,有的甚至会影响电网安全。同时,分立元件的装置可靠性不高,维护工作量大,装置本身体积大,不经济。

二、变电站计算机监控系统

进入到自动化系统发展的第二个阶段,名为面向功能设计的"分布式"测控装置加微机保护模式。这里再介绍下前面提到分布式的概念。分布式是按变电站被监控对象或系统功能划分,多个 CPU 并行工作,各 CPU 之间采用网络技术或串行方式实现数据通信。分布式系统扩展和维护方便,局部故障不会影响其他模块正常运行。这里可以看出,自动化系统已经有了简单的网络,测控装置是通过网络接入 RTU 装置的。

从时间上来说,第二阶段始于 20 世纪 90 年代初期,随着我国改革开放的发展,微处理器技术开始引入我国,并逐步应用于各行各业。在变电站自动化方面,用大规模集成电路或微处理机代替了原来的继电器晶体管等分立元件组成的自动装置,利用微处理器的智能和计算能力,可以发展和应用新的算法,提高了测量的准确度和可靠性,并且能够扩充新的功能,尤其是装置本身的故障自诊断功能,对提高自动装置自身的可靠性和缩短维修时间是很有意义的,单元式微机保护及按功能设计的分散式微机测控装置得以广泛应用,保护与测控装置相对独立,通过通信管理单元能够将各自信息送到后台或调度端计算机。其特点是继电保护和按功能划分的测控装置独立运行，应用了现场总线和网络技术，通过数据通信进行信息交换。此系统电缆互联仍较多，扩展性功能不强。基本上还是维持着原有的功能和逻辑关系，在工作方式上多数仍然是各自独立运行，不能互相通信，不能共享资源，运行中存在的问题没有得到根本的解决。我们的保护信号，仍然采用电缆接入，同时出现了监控后台，代替了原有的模拟屏监控。

三、变电站综合自动化系统

自动化系统已经进入了第三个发展阶段，即现在仍能见到的常规综合自动化变电站，或者叫"综自站"。第三阶段始于 20 世纪 90 年代中期，随着计算机技术、网络及通信技术的飞速发展，采用按间隔为对象设计保护测控单元，采用分层分布式的系统结构，形成真正意义上的分层分布式自动化系统。目前国内外主流厂家均采用了此类结构模式。110 kV 以下电压等级变电站，保护测控装置要求一体化，110 kV 及以上电压等级保护测控大多按间隔分别设计，对规模比较大的超高压变电站的系统，为减少中间环节，避免通信瓶颈，要求装置直接上以太网与监控后台通信，由于采用了先进的网络通信技术和面向对象设计，系统配置灵活、扩展方便。这种配置方式叫作面向间隔、面向对象设计的分层分布式结构模式，分层分布式是间隔层中各数据采集、控制单元和保护单元就地分散安装在开关柜上或其他设备附近，各个单元之间相互独立，仅通过通信网互联，并同变电站及测控主单元通信。能在间隔层完成的功能不依赖通信网，如保护功能。通信网通常是光纤或双绞线，最大限度地压缩了二次设备和二次电缆，节省了工程建设投资。安装既可以分散安装于各间隔，也可以在控制室中集中组屏或分层组屏，还可以一部分在控制室中，另一部分分散在开关柜上。

这个阶段的主要特点是测控、保护或保测装置全部以网络、现场总线或串口方式接入，可扩展性大大增强，且单间隔故障不会影响到其他间隔正常运行。

四、智能变电站

发展到第四阶段，即进入了智能变电站时代，网络结构仍然采用分层分布式结构，但从网络结构上出现了"三层两网"的概念，智能变电站是采用先进、可靠、集成和环保的智能设备,以全站信息数字化、通信平台网络化、信息共享标准化为基本要求,自动完成信息采集、测量、控制、保护、计量和检测等基本功能,同时,具备支持电网实时自动控制、智能调节、在线分析决策和协同互动等高级功能的变电站。

智能变电站区别于综自站最大的不同在于出现了过程层设备,大家常见的有合并单元、智能终端及少数变电站配置的智能一次设备,如光 CT、光 PT 等。从概念中,我们也可以看出,我们的智能变电站解决了常规变电站信息共享慢、电缆传输可靠性差、二次回路复杂、设备之间不具备互操作性等一系列问题,同时加之各类高级应用,例如一次设备顺序控制、状态在线诊断等功能,大大简化了工作人员运维压力。

第三节　变电站自动化系统功能

一、实时数据采集与处理

变电站综合自动化系统第一个最主要的功能就是实时数据采集与处理,模拟量的采集包括电流、电压、有功功率、无功功率、功率因数、频率以及温度等信息,并能实现实时采集、越限报警和追忆记录功能。

开关量的采集包括断路器、隔离开关以及接地刀闸的位置信号、继电保护装置和安全自动装置动作及报警信号、运行监视信号、变压器有载调压分接头位置信号等,并能实现实时采集、设备异常报警、事件顺序记录和操作记录功能。

这些功能的直观体现就是我们的监控后台。从变电站的监控后台通过主接线图、光子、告警窗等方式可以直观地展示给我们的运行人员,方便运行人员去实时掌控整个变电站的运行情况。

二、事件顺序记录

第二个功能是事件顺序记录功能。事件顺序记录又称 SOE,特指在电网发生事故时,以比较高的时间精度记录下一些数据,包括发生位置变化的各断路器的编号(包括变电站名)、变位时刻、动作保护名称、故障参数、保护动作时刻等。事故追忆的范围为事故前 1 min 到事故后 2 min 的所有相关的模拟量和状态量。有了事件记录功能,可以方便我们在发生电网故障时对整个故障过程进行查看、分析,可以在发生电网故障时,帮助调度员及事故调查人员在第一时间直观地了解整个事故的发展过程,为我们进一步分析事故提供依据。

三、操作控制功能

第三个功能是操作控制功能。控制操作对象包括:各电压等级的断路器以及隔离开关、电动操作接地开关、主变压器及所用变压器分接头位置、站内其他重要设备的启动及停止等。

控制操作具有手动控制和自动控制两种控制方式。

手动控制包括远方控制中心控制、站内主控室控制、就地手动控制(含间隔层和设备层操作),并且具备远方控制中心/站内主控室或是站内主控室/就地手动的控制切换功能。控制级别由高到低顺序为:就地、站内主控、远方控制中心,三种控制级别间相互闭锁,同一时刻只允许一级控制。

自动控制包括顺序控制和调节控制,顺序控制即我们部分智能变电站已实现的一次设备一键顺空、二次软压板一键顺空;调节控制有我们常见的调度电压无功自动化控制,自动控制功能由站内操作员或远方控制中心设定其是否采用。它可以由运行人员投入、退出,而不影响正常运行。

四、安全监视功能

第四个功能是基于第一个数据采集功能,在数据采集的基础上,对一些特定的信息进行越限、设置告警级别、设置弹窗,对一些关键数据、关键信息及时提醒,达到对电网及二次设备的安全监视功能。常见的主要有电压值越限遥测值变色、发送告警、事故跳闸后推画面等功能。

五、通信功能

第五个功能是通信功能。通信功能是自动系统的基础,如前面所讲,网络是变电站自动化系统的神经,通信就是传递神经信号的语言,具备通讯功能,站控层设备就可以实现与站内的保护、测控及各层级调度进行通信,当然也包括变电站与各级调度之间的通信。

六、人机联系功能

第六个是人机联系功能。人机联系是值班员与计算机对话的窗口,值班员可借助鼠标或键盘方便地在屏幕上与计算机对话,主要可以实现:调用、显示和拷贝各种图形、曲线、报表,发出操作控制命令,数据库定义和修改,各种应用程序的参数定义和修改,查看历史数值以及各项定值,图形及报表的生成、修改、打印,报警确认,报警点的退出、恢复,主接线图人工置数功能,主接线图人工置位功能。

七、对时功能

对时功能是基于 GPS 或北斗全球卫星定位系统,完成对同步向量测量装置、微机保护装置、故障录波器、保护信息子站、监控主机、测控装置等设备的对时,智能变电站中还增加了智能终端、合并单元,变电站的对时功能是否完善,会直接影响到电网稳定控制和事故分析。对时功能是前面讲到的事件顺序记录的基础,所有设备没有统一的时间源,事件顺序记录就无从谈起,所以说自动化系统每一个功能的实现都是环环相扣、紧密联系的,一旦某一个功能缺失,就会影响其他功能的正常使用。

变电站内对时的实现方式,会在下一章"时间同步装置"部分进行具体介绍。

八、报表功能

报表功能即对所采集的各种电气量的原始数据进行工程计算,对变电站运行的各种常规参数进行统计分析,对变电站主要设备的运行状况进行统计计算,并充分利用各种数据,生成不同格式的生产运行报表。此部分不做赘述。

九、远动功能

远动功能即与远方调度及电力数据网的信息交换,满足电网调度实时性、安全性和可靠性要求,完成信息收集、数据上传、下达命令的功能。远动功能作为变电站与调度主站之间联系的桥梁,有着尤为重要的作用,主要实现功能即为我们经常提到的"四遥"信息的上送,在 110 kV 及以下电压等级变电站,远动装置需要实现与地调的通信,220~330 kV 变电站实现与地调、省调间通信,330 kV 以上变电站需要与国、网、省、地四级调度实时通信,远动功能在自动化系统中的重要性是不言而喻的,具体的实现方式我们在下一章远动装置部分做详细讲解。

第四节　变电站自动化设备及功能介绍

一、监控信息的分类

（一）后台监控、工程师站

变电站的后台监控系统，作为整改变电站的大脑，承担着整个变电站的协调运行和管理工作，以及历史数据的处理和全站的人机对话工作，其主要功能有控制、信号、通信、事故记录、测量等功能。后台监控可以说是我们整个自动化系统所有功能实现后的最终体现，我们的数据采集功能、控制功能、对时功能、报表功能等，最终可以全部直观地展现在我们的后台监控机上。后台监控机就是运行人员的眼睛和手脚，可以全面、直观地看到变电站所有一、二次设备的运行情况，同时可以对相应的设备进行远动控制、调节。

（二）远动装置

远动装置是为了完成调度与变电站之间各种信息的采集并实时进行自动传输和交换的自动装置，是电力系统调度综合自动化的基础。变电站的远动装置在远动系统中称为发送（执行）端。远动装置的主要功能是采集全站的状态量、数字量、模拟量，根据调度所下发的指令，完成指定对象的遥控和遥调操作，同时具备与多个调度主站同时通讯的功能。

总结来说，远动装置主要有三个功能：一是收集信息，远动装置通过与变电站内测控装置、保护装置、通信管理机通信，实现全站信息数据收集；二是数据上传，对获取的数据进行汇总和相应的处理，通过一定的通信方式和通信规约，通过专线或网络通道上传至调度端；三是下达命令，将调度端下发的遥控、遥调命令向变电站间隔层设备转发。

前面在功能介绍时说过，远动装置是变电站与调度之间的桥梁，所以在配置上要求会更高，目前 110 kV 及以上电压等级变电站要求远动装置必须是冗余配置，在远动主机出现故障后，远动备机需实现自动切换，代替主机继续运行。

（三）测控装置

测控装置主要是通过采集遥测、遥信，同时实现遥控、遥调功能，然后通过规约将信息上送至后台及远动装置。

测控装置的第一个是测量功能，对本间隔的模拟量进行采集，主要是一次电压、电流等交流模拟量，还有对一次设备状态的采集，主要是开关位置、刀闸位置等遥信信号，对变压器、站用变等还要采集直流量及温度量等。第二个功能是控制功能，对变电站中本间隔的控制对象进行控制，主要完成断路器、隔离开关的遥控操作和变压器有载分接头的遥调。第三个功能是通信功能，测控装置应能与当地监控后台及远动装置进行通信，以传递采集到的各种信息，接收站控层的命令。测控装置根据所使用的位置不同，分为线路测控、主变测控、公用测控等。

可以说测控装置是变电站综合自动化系统的基础，数据的收集，各种控制命令的执行都是依靠测控装置来实现的。

（四）时间同步系统

时间同步系统是一种能接收外部时间基准信号，即北斗卫星和 GPS 卫星，并按照要求的时间精度向外输出时间同步信号和时间信息的系统，它能使网络内其他时钟对准并同步，通俗来说时间同步就是采取技术措施对网络内时钟实施高精度"对表"。

目前站内主要实现对时的方式有两种：一是使用网络总线时间传输协议，其优点是共享自动化网络通道，缺点是准确级只能达到毫秒级；二是直接硬连接时间传输，优点是准确级可以达到微秒级，缺点是硬接线连接，增加了电缆使用。

目前变电站普遍使用的是第二种对时方式，即现在常说的 B 码对时方式。

（五）不间断电源

不间断电源即 UPS，是将蓄电池（多为铅酸免维护蓄电池）与主机相连接，通过主机逆变器等模块电路将直流电转换成市电的系统设备，主要用于给单台计算机、计算机网络系统或其他电力设备如后台监控主机、调度数据网设备、二次安全防护设备等提供稳定、不间断的电力供应。当市电输入正常时,UPS 将市电稳压后供应给负载使用,此时的 UPS 就是一台交流市电稳压器;当市电中断(事故停电)时,UPS 立即将电池的直流电能,通过逆变零切换转换的方法向负载继续供应220 V 交流电,使负载维持正常工作并保护负载软、硬件不受损坏。UPS 设备通常对电压过高或电压过低都能提供保护。

前面所讲到的变电站自动化系统各类重要功能都是依托各类自动化设备去实现的,所以各类自动化设备对电源的要求也是非常高的,按照反措要求,大部分自动化设备要求使用冗余配置的 UPS 电源,就是在变电站所用或直流有一路电源失去时,能够保障自动化设备正常运行。

(六)交换机

交换机是一种用于电信号转发的网络设备,它可以为接入交换机的任意两个网络节点提供独享的电信号通路。

综自系统变电站及智能变电站的一个重要基础是信息传输网络化,无论是站控层网络或是过程层网络,都是由一台或多台交换机级联而成,为变电站的网络传输提供基础保障。

(七)调度数据网

电力调度数据网是电网调度自动化的基础,是确保电网安全、稳定、经济运行的重要手段,是电力系统的重要基础设施,在协调电力系统发、送、变、配、用电等组成部分的联合运转及保证电网安全、经济、稳定、可靠地运行方面发挥了重要的作用,并有力地保障了电力生产、电力调度、水库调度、燃料调度、继电保护、安全自动装置、远动、电网调度自动化等通信需要,在电力生产及管理中发挥着不可替代的作用。

变电站调度数据网也是冗余配置的,所有变电站都是双套配置,每套调度数据网又分为实时业务和非实时业务,不同的业务接入不同功能划分的交换机,对于数据实时性要求交换的接入实时业务,如远动、告警直传、PMU 等,对于数据实时性要求不是很高的接入业务,接入非实时业务,如保信子站、故障录波、电量等业务。

第五节　小结

　　对变电站综合自动化系统的初步了解,也是对自动化技术一步一步走到了今天的见证,在不断发展并趋于完善的电力自动化技术的支持下,电力自动化技术水平将大大提高,逐步向智能化发展的方向发展,而智能化是电力系统自动化技术发展的必然趋势。随着智能电网研究的深入,电力系统将得到优化,故障容错性将大大提升,使电力系统的运行更加可靠、稳定。

第六章 电力变压器状态诊断技术

第一节 设备类型

按照用途分类:升压变压器、降压变压器。

按相数分类:单相变压器、三相变压器。

按绕组材料分类:铜绕组变压器、铝绕组变压器。

按绕组形式分类:双绕组变压器、三绕组变压器、自耦变压器。

按调压方式分类:无载调压变压器、有载调压变压器。

按绕组绝缘和冷却方式分:油浸式变压器、干式(环氧树脂浇注绝缘)变压器、充气式(SF_6气体)变压器。

第二节 结构特点

按照国家规定,从 1965 年 10 月 1 日起,变压器一律实行汉语拼音字母的新型号。

(1)产品类别:O 为自耦变压器,H 为电弧炉变压器,C 为感应电炉变压器,Z 为整流变压器,K 为矿用变压器,Y 为试验变压器(通用电力变压器不标)。

(2)相数:D 为单相变压器,S 为三相变压器,SC 为三相固体成型。

(3)冷却方式:F 为风冷式,W 为水冷式(油浸自冷式和空气自冷式不标)。

(4)油循环方式:N 为自然循环,O 为强迫导向循环,P 为强迫循环。

(5)绕组数:S 为三绕组(双绕组不标)。

（6）线圈导线材料:L 为铝绕组,B 为低压箔式线圈(铜绕组不标)。

（7）调压方式:Z 为有载调压(无载调压不标)。

（8）性能水平代号(设计序号):7、8、9、10、11。

第三节　油中溶解气体色谱分析

我国 20 世纪 60 年代中期就开展了这项技术的研究,并取得了初步成果。20世纪70 年代以来,这一检测技术得到推广和发展。当变压器内部因某种异常原因形成局部放电或局部过热性故障时,油及固体纸张绝缘材料会发生裂解,产生的低分子化合物都是气体,他们通常都会溶解在油中,并且随着油的循环扩散到变压器的整个油箱内部。若在变压器运行过程中取油样对这些气体进行分析,就可以发现这些潜伏性故障,溶解气体分析法就是建立在该原理上的。

一、故障原因分析

通过分析油中溶解气体的组分及其在油中的含量和发展趋势来检测设备内部潜伏性故障,了解事故发生的原因,不断掌握故障的发展趋势,提供故障严重程度的信息,及时报警,合理维护设备,这是油中溶解气体分析的主要任务。

（1）判定有无故障。

（2）判断故障的类型。如过热、电弧放电、火花放电和局部放电、进水受潮等。

（3）诊断故障的状况。如热点温度、故障功率、严重程度、发展趋势,以及油中气体饱和水平和达到气体继电器报警所需的时间等。

（4）提出相应的反事故措施。

二、电力变压器故障诊断技术,油中溶解气体色谱分析

（1）通过油路管道并在油泵的控制下,从变压器中获取特定油速和流量的油样。

（2）通过萃取装置,使用聚四氟乙烯薄膜、中空纤维束等高分子膜从油中脱出气体。

（3）用热导池或半导体气敏传感器来测定气体的成分和浓度。

脱出的混合气体由载气推动通过色谱柱,各组分气体由于运动速度不同而被分离。使用标准气体定期对检测装置进行标定和调整,以保证检测的可靠性。

三、在油中溶解气体色谱分析存在的问题及解决办法

(一)存在的问题

(1)监测系统结构复杂。

(2)存在多种易损坏(例如油泉、气泵、阀门、热导范等)、易损耗(例如载气、标气等)、易老化(脱气透膜、色谱柱等)部件。

(3)需定期进行维护和校准。

(二)解决办法

(1)加强系统的入网与运行管理。

(2)定期与带电测试结果进行比对。

四、运行期间的技术安全措施和监视手段

色谱分析结果判断变压器故障的根据是《变压器油中溶解气体分析和判断导则》。当变压器油中特征气体含量超过注意值时应引起注意,并根据"三比值"法初步判断故障的类型和程度。但是潜油泵的故障以及有载开关小油箱向本体漏油,变压器注油过程中真空没掌握好,没有完全脱气等,也可引起油中气体含量分析结果异常,从而误认为变压器内部存在故障,因此应排除它们对色谱的影响。

第四节　绕组直流电阻

一、需要注意的问题

(1)直阻不合格,可能会反映在油色谱异常上。

(2)无中性点引出线,必要时(如电阻值超标需要进一步判断)可换算到相绕组。

(3)绕组直流电阻应关注电阻值的纵向比较。

(4)由于结构原因导致出厂时三相互差即可能超标(各相引线长度存在差异,随着主变容量的提高,绕组的直流电阻越来越小,由于引线长度不同带来的直阻差异越大)。

(5)三相可能同时存在缺陷。

注意:应尽可能准确记录油温进行换算,进行纵向比较。

二、绕组直流电阻的现场异常现象

(1)直阻测试中分解开关极性变化后,测试结果异常。

(2)直阻测试后立即投运产生很大的合闸涌流,严重时导致变压器重瓦斯的动作。

原因:测试电流远大于绕组空载电流时,铁芯严重饱和,测试仪器放电不能很快消磁。

措施:220 kV 及以上绕组的测试电流不宜大于 10 A。试验结束后挂接地线。

三、连接变压器绕组的三相测量方式

三相测量方式下,应采用单相测试方式对某一挡位的电阻进行测试,建议在额定档测试。

变压器在长途运输中受到冲撞或者在运行中受到短路故障电流的冲击,绕组将可能发生变形或位移,严重时会导致突发生事故。通过绕组变形试验就可以在不吊罩的情况下判断变压器绕组是否变形,变形程度如何,从而采取相应的、合理的补救措施,做到防患于未然。

四、某 220 kV 变压器绝缘电阻大于 10 000 MΩ,吸收比 1.1,极化指数 1.3,是否合格

1. 吸收比反映绝缘缺陷有不确定性

(1)吸收比有随绕组绝缘电阻值升高而减小的趋势。

(2)绝缘正常情况下吸收比有随温度升高而增大的趋势,极化指数稍有波动。

(3)绝缘有局部问题时,吸收比随温度上升而呈下降趋势。

2. 变压器绝缘电阻(R60)的特点

(1)大于 10 000 MΩ 时,可以认为其绝缘没有受潮。

(2)绝缘受潮的变压器的 R60 与 R15 之差通常在数十兆欧以下,最大不会超过 200 MΩ。

注意:绝缘电阻大于 10 000 MΩ 时,吸收比和极化指数仅作为参考。变压器是合格的。

变压器绕组变形或位移后,即使没有立即损坏,也会留下严重的故障隐患,如绝缘距离发生改变,固体绝缘受到损坏、击穿,导致突发绝缘事故,甚至在正常运行电压下,因局部放电作用而发生绝缘击穿事故,绕组机械性能下降,当再次受到短路电流冲击时,将承受不住巨大的电动力作用而发生损坏事故。因此,积极开展变压器绕组变形诊断工作,及时发现有问题的变压器,并有计划地进行吊罩验证及合理检修,不但可以节省大量的人力、物力,而且对防止变压器突发生事故也有极其重要的作用。

第五节　绕组绝缘电阻

在变压器运行过程中,定期对油中溶解气体进行测谱分析,可有效地诊断出大部分过热性故障和部分发展较慢的放电性能故障,但对突发故障往往不能及时作出反应。通过局部放电试验,可灵敏地检测出变压器内部可能存在的各种放电性能缺陷,并能大致判断出放电的部位及其对绝缘的危害程度,但该方法对过热性故障却很不敏感。对变压器绕组的频率响应特性进行分析,可方便地判断出变压器在受到短路电流冲击后,或在运输过程中受到冲撞时,绕组是否变形或位移。

吸收比及极化指数测量,兆欧表应如何选取?

(1)被试品的吸收比和绝缘电阻直接影响兆欧表的端电压。

(2)当兆欧表的容量较小,而被试品的吸收电流大,绝缘电阻值又低时,会引起兆欧表的端电压急剧下降。

(3)电压等级为 220 kV 及以上且容量为 120 MVA 及以上时,宜采用输出电流不小于 3 mA 的兆欧表。

(4)最大输出电流是指兆欧表在额定输出电压时的输出电流,而不是短路电流。

第六节 绕组的 tanδ 及电容量

电力变压器作为重要的电气设备，其安全可靠运行对电力系统极为重要。电力变压器在运行过程中不可避免要遭受各种故障短路电流冲击。短路电流产生强大电动力，在其作用下，可能导致变压器绕组发生损坏，严重时还会直接造成突发性损坏事故。对变压器进行绕组变形测试，判断有无绕组变形及变形的程度，已经成为重要的测试项目。目前已提出结合频响法和低电压短路阻抗法的新的测试方法，并将这种方法应用于现场工作，开发应用出新型的变压器绕组变形测试仪器，实现一次接线测试得到 2 个或者更多的绕组特征值，为绕组状态的判断提供依据。

一、介质损耗(tanδ)

(1)介质损耗指交变电场下绝缘材料产生的电能损耗。

(2)介质损耗大会导致绝缘的热击穿。

(3)电介质一定、外施电压及频率一定时，介质损耗与 tanδ 成正比。

二、绕组的 tanδ 作用

随着变压器的容量越来越大，绕组的 tanδ 已逐渐难以发现绝缘缺陷，原因如下：

(1)受潮。

(2)绝缘老化。

(3)油质劣化。

(4)绝泥缘附着油。

(5)严重局部缺陷。

三、油温

(1)油介损测量温度 90℃。

(2)设备中有水时，多沉积于底部，在低温下会结冰，tanδ 不能灵敏反映此种状态。

（3）不同温度下的 tanδ 值需进行换算，方便比较。

换算公式：$tanδ_2 = tanδ_1 \times 1.3^{(t_2 - t_1)/10}$

上述公式在油温低于 50℃时，公式有效，高于 50℃时，换算结果误差极大。

（4）需要注意以下问题：

绝缘电阻测量也存在类似问题。

绝缘油介损测量应在 90℃时进行，绝缘油 tanδ 随温度升高而增大，油的老化程度越严重，随温度的变化越显著，老化的油 20℃时 tanδ 仅为新油的 2 倍，100℃时 tanδ 则可达到 20 倍。

变压器绕组变形是电力系统安全运行的一大隐患，用常规试验很难测出这种隐患。从 1990—1994 年用频率响应分析法对 110~500 kV 的 81 台变压器进行了试验研究，用实践证明，采用这种方法能准确有效地诊断出变压器绕组产生的变形，并分析对电网生产的经济效益。

四、绕组的 tanδ 不应有明显的增长或下降

（1）变压器受潮后绝缘等值相对介电常数 c 增加，使电容量增加，既可导致有功功率 P 增加，也可导致无功功率 $Q = wCU^2$ 增加，而 $tanδ = P/Q$。所以 tanδ 既可能增长，也可能不变，甚至可能减小。

（2）因此介损测量结果的分析，应结合电容量测试结果进行。

（3）若绝缘中存在的局部放电缺陷发展到试验电压下完全击穿并形成局部短路，导电离子杂质的增加，也会使 tanδ 明显下降。

五、绕组的 tanδ 及电容量

（1）电容量不仅对绝缘状态判断有用，而且可用于判断绕组是否发生变形。

（2）介损测试，所测电容量是 C1、C2、C3 的组合。

（3）变压器绕组发生变形时，由于绕组间及其对铁芯和管壁的距离可能发生改变，C1、C2、C3 会发生变化，测得的电容量也会发生改变。

第七节　铁心及夹件测试

一、铁心及夹件结构

（1）接地片。

（2）上夹件。

（3）铁轭螺杆。

（4）拉螺杆。

（5）心柱绑扎。

（6）铁心磁导线。

（7）下夹件。

二、铁心缺陷原因

（1）铁心绝缘受潮或损伤，箱底沉积油泥及水分导致绝缘粗糙不光滑，硅钢片的绝缘漆膜电阻下降，夹件、垫脚、铁心绝缘受潮或损伤等。

（2）油箱内金属异物，使硅钢片局部短路。

（3）空心螺杆钢座套过长，与硅钢片短接。

（4）铁心碰油箱、碰夹件。安装时未将油箱顶盖上运输用的定位钉翻转或拆除，导致铁心与油箱相碰，铁心夹件肢板碰触铁心柱，硅钢片翘曲触及夹件，铁心下夹件垫脚与铁轭间纸板脱落，垫脚与硅钢片相碰等。

（5）选用的硅钢片质量有问题，如硅钢片表面或绝缘氧化膜脱落，造成片间短路；硅钢片叠压不当，叠压系数取得过大，因压力过大，破坏了片间绝缘。

（6）铁心组件中铁质夹件松动，碰撞铁心破坏了硅钢片表面的漆膜或氧化膜；铁心压紧变松，由于磁滞伸缩引起的硅钢片振动也会破坏硅钢片表面的漆膜或氧化膜。

三、铁心缺陷后果

（1）在铁心中产生涡流，空载损耗增加，铁心局部过热。

（2）铁心多点接地严重时，加上较长时间未得到处理，变压器连续运行将导致油和绕组过热,使油纸绝缘逐渐老化。由此会引起铁心叠片两片绝缘层老化脱落,造成铁心过热,更严重的将会烧毁。

(3)因铁心过热,使器身中木质垫块及夹件炭化,铁心压紧进一步变松。

(4)铁心的多点接地也会引起放电现象。

四、铁心及夹件常规测试方法之一:绝缘电阻测试

(1)测试对象:铁心接地引出(或铁心、夹件接地分别引出)的变压器。铁心、夹件接地分别引出时,应分别测量铁心对夹件及夹件对地绝缘电阻。

(2)表计选择:绝缘电阻测量采用 2 500 V(老旧变压器 1 000 V)兆欧表。

(3)试验性质:属于例行试验范畴,当油中溶解气体分析异常,怀疑存在发热性故障或放电性能故障时,在诊断时也应进行。

(4)试验结果判断:铁心绝缘电阻≥100 MΩ;除注意绝缘电阻的大小外,应特别注意绝缘电阻的变化趋势。

五、铁心及夹件常规测试方法之二:接地电流测试

(1)测试原理:存在多点接地后,铁芯主磁通周围相当于有短路匝存在,匝内流过环流。

电流值决定于故障点与正常接地点的相对位置,即短路匝中包围磁通的多少。

(2)试验性质:既可作为带电检测项目,又可作为在线监测项目。

(3)试验结果判断:通常大于 100 mA 时应当注意,但换流变压器可能超过 1 A。

(4)根据夹件对地电流 I_1 和铁芯对地电流 I_2 判断铁芯接地状况:

$I_1=I_2$,且数值在数安以上,夹件与铁芯有连接点。

$I_1<I_2$,I_2 数值在数安以上,铁芯多点接地。

$I_1>I_2$,I_1 数值在数安以上,夹件碰箱壳。

六、铁心及夹件常规测试方法之三:绝缘油气相色谱分析

(1)稳定接地:当铁心多点接地,且接地稳定,则在铁心中会出现环流,引起铁心局部过热,同时往往不涉及固体绝缘,因此表现为裸金属过热,绝缘油色谱会表现出 CH_4 及烯烃组分含量较高,而 CO 和 CO_2 气体含量和以往相比变化不大或含量正常。

（2）间歇性接地：若铁心出现间歇性多点接地，会引起间隙放电，从而产生C_2H_2气体。

七、铁心及夹件常规测试方法的评价

优点：常规方法可用于判定铁心的接地状况是否良好；现场操作简便易行。

缺点：易受干扰。

第八节　绕组变形测试

一、绕组变形的定义

指电力变压器绕组在机械力或电动力作用下发生的轴向或径向尺寸变化。

二、绕组变形的特征

通常表现为绕组局部扭曲、鼓包或移位等。

三、绕组变形的成因

遭受短路电流冲击或在运输过程中遭受冲撞。

四、绕组变形的测试方法

（1）频率响应法。

（2）振动法。

（3）电容测量法。

（4）短路阻抗法。

五、幅频响应特性

幅频响应特性曲线中的波峰或波谷分布位置及分布数量的变化，是分析变压器绕组变形的重要依据。

（1）变压器绕组在较高频率的电压作用下，每个绕组本身均可视为一个由线性电阻、电感（互感）、电容等分布参数所构成的无源、线性的双端口网络，其内部特性可通过传递函数 $H(jw)$ 进行描述。

（2）如果绕组变形，必然改变网络内部的分布电感、电容等参数，导致传递函数 $H(jw)$ 的零点和极点发生变化，从而改变网络的频率响应特性。

（3）用频率响应分析法测量变压器绕组变形，是通过测量变压器各个绕组的频率响应特性，对测量结果进行纵向或横向比较，根据频率响应特性的变化，分析变压器可能发生的绕组变形。

六、频率响应法

绕组的对地电容及饼间电容所形成的容抗较大，而感抗较小，如果绕组的电感发生变化，会导致其频响特性曲线低频部分的波峰或波谷位置发生明显移动。此区间波峰、波谷位置发生明显变化或谐振点小时，通常预示着绕组的电感显著改变，可能存在匝间或饼间短路的情况。

注意：对于绝大多数变压器，其三相绕组低频段的响应特性曲线应非常相似，如果存在差异则应及时查明原因。

七、频率响应法

（1）此频段内对地电容、饼间电容、电感所起作用相当，幅频响应特性曲线具有较多的波峰和波谷，能够灵敏地反映出绕组分布电感、电容的变化。

（2）此频段内波峰或波谷位置发生明显变化，通常预示着绕组发生扭曲和鼓包等局部变形现象。

（3）谐振点向低频段偏移，通常是出现了轴向和径向拉伸变形。

（4）谐振点向高频段偏移，通常是出现了轴向和径向压缩变形。

随着电网容量的日益增大，短路故障造成的变压器损坏事故呈上升趋势，及时有效采取检测手段对变压器绕组变形进行测试，能有效防止变压器已变形的部分进一步恶化，最大限度地保证变压器不发生事故。从绕组变形的检测方法、检测原理、检测结果的影响因素和判断准则等几个方面进行归纳，阐述了近年来变压器绕组变形领域的重要研究成果。

结合实际应用案例，从检测方式、测试结果的影响因素、检测信息量、检测灵敏度、变形判断方法及检测标准等角度对不同检测方法进行了分析比较。

八、频率响应法能够发现的缺陷类型

（1）线圈和铁心的移位。

（2）线圈变形（轴向及辐射）。

（3）铁心接地故障。

（4）部分绕组塌陷。

（5）箍扣松脱。

（6）变压器结构钳制物断裂或松脱。

（7）匝间短路及绕组开路。

（8）套管引线连接不当或明显移位。

（9）分接开关接触不当。

扫频阻抗法能够较好地弥补低电压短路阻抗法和频率响应法在不同形式绕组变形灵敏度上的差异，提高绕组变形诊断的有效性；振动带电检测法无需停电就可开展变压器绕组变形检测，相比其他检测方法，扫频阻抗法和振动带电检测法具有较明显优势，建议开展进一步现场应用研究，提高检测手段成熟度和变形判断方法的准确性。

九、频率响应法不同测试差异

（1）不同挡位的频响曲线差异非常大。

（2）即便非被测端的档位不同，也会对测试结果产生很大的影响。例如在高压侧测试时，中压侧挡位不同。

（3）每次测试时，宜采用同一种仪器，接线方式应相同，各侧绕组的分接档位应一致。

十、测试影响的因素

（1）充油与无油时频响曲线的差异。

（2）分接位置对频响曲线的影响。

（3）油温对频响曲线的影响。

测试原理：根据漏抗的变化判断绕组是否存在变形。

本节对变压器故障诊断进行了简单的介绍，并以变压器绕组变形故障这一变压器故障为例，对故障的检测方法进行了分析和讨论。

第九节　绝缘耐压试验

一、变压器绕组的分级绝缘和全绝缘

有效接地系统中,绕组中性点直接接地或经保护间隙接地,发生单相接地时,可快速进行切除。因此中性点绝缘水平低于三相端部绝缘水平。此种结构被称为分级绝缘结构,其中 110 kV 电压等级中性点按 40 kV 选择,220 kV 电压等级中性点按 110 kV 选择。采用分级绝缘可缩小变压器尺寸,降低造价。

不接地或非有效接地系统,发生单相接地时,需要继续运行 2 h 以上。如为金属性接地,中性点稳态电压可达到正常运行状态下的单相电压,因此中性点绝缘水平与三相端部绝缘水平一致,此种结构称为全绝缘结构。

二、工频耐压试验目的

对全绝缘变压器,主要考核绕组对地和绕组之间的主绝缘强度。对分级绝缘变压器,主要考核绕组对铁轭的端绝缘、绕组部分引线对地绝缘强度及中性点绝缘强度。

三、交流感应耐压

目的:考核绕组的纵绝缘,即匝间、层间、段间绝缘以及绕组对地及对交流感应其他绕组和相间绝缘的电气强度。

现场试验:结合局部放电检测进行。

四、冲击耐压试验

冲击试验电压的高幅值特性使其对缺陷的暴露相比交流试验电压更为灵敏。

交流电压会使缺陷进一步扩大,给设备造成更大的不可逆损伤,冲击电压则不会导致缺陷的扩大。

雷电及操作冲击耐压试验对于发现电力变压器绝缘缺陷具有重要作用。

五、双指数型冲击电压发生器

由于产生双指数型冲击电压的设备,体积庞大、不易移动、安装复杂,极大地限制了冲击电压试验在现场的开展。

2005 年发布的 IEC60060-3 标准推荐采用振荡型雷电波和振荡型操作波进行设备的现场冲击试验。我国于 2010 年等效采用该标准(GB/T16927.3)。

利用变压器电磁感应原理在低压侧输入低幅值冲击电压,在高压侧感应出高幅值试验电压。

主电容器 C1、C2 经直流充至一定电压,然后控制球间隙击穿,通过调波电感向变压器一次侧绕组放电,在变压器的二次侧会因电磁感应,基本上按变比产生高电压的振荡性冲击电压波形,变压器一次侧接入调波电阻、电感及电容,实现对冲击电压波形及幅值的调整。

第十节　局部放电及其检测

Eg、Es 及 εg、εs 分别为气隙和固体绝缘介质中的场强和介电常数,$\varepsilon g \approx 1$,$\varepsilon s > \varepsilon g$,介质尺寸>气隙尺寸。

电压作用下,气隙先击穿,放电发生在介质内部局部范围。局部放电具有脉冲性,是电气设备诸多故障和事故的根源。

电力变压器绕组变形是正常运行中一种较常见的故障现象。本部分通过应用主要变压器油气相色谱试验、高压常规试验、绕组频率响应试验以及低压电抗试验等方法,对某 220 kV 电力变压器绕组变形故障进行综合分析和诊断,最终确定了绕组变形故障类型和故障部位,以利于对变压器实施针对性的检修计划。

一、变压器内部局放源

1. 气隙

(1)微量水分、杂质在电场作用下形成小桥,泄漏电流使其发热汽化,形成气泡。

(2)油裂解产生气体。

2. 电气连接不良

(1)内部金属接地部件之间。

(2)导体之间。

内部某些区域电场集中。

二、局部放电的检测方法

1. 脉冲电流(PD)检测技术

(1)包括高频局放测试技术。

(2)将被测设备等效一个电容,内部发生局部放电时,检测回路中会形成脉冲电流信号。

2. 超声波(AE)检测技术

(1)发生局部放电时,会产生超声波。

(2)可应用于变压器局部放电定位。

3. 特高频(UHF)检测技术

(1)包括暂态地电波测试技术。

(2)每一次局部放电都发生正负电荷中和,伴随有一个陡的电流脉冲,并向周围辐射电磁波。

三、脉冲电流(PD)检测技术

特点:研究最早、应用最广泛、唯一具有国际标准(IEC270)的定量检测方法。

优点:灵敏度高、放电量可以标定。

用途:主要用于离线检测,也可用于在线监测。

缺点:抗干扰能力差。

四、局部放电的表征参数

脉冲重复率:选定时间间隔内,记录到的局放脉冲总数与该时间间隔的比值。

平均放电电流 I:选定参考时间间隔 Tref 内的单个视在电荷 qi 的绝对值的总和除以该时间间隔。

平均放电功率:选定参考时间间隔 Tref 内的视在电荷 qi 馈入试品两端间的平均脉冲功率。

五、仪器的选择

(1)干扰较强时,一般选用窄频带测量仪器。

(2)干扰较弱时,一般选用宽频带测量仪器。

(3)屏蔽效果良好的实验室,可以选用很宽频带的仪器。

通过分析变压器箱体表面振动信号的特点并进行大量试验发现,除基频分量能够反映故障以外,50 Hz 分量及其部分倍频分量、基频的倍频分量等新特征频率也能够反映故障。

六、局放测量的干扰来源及控制措施

1. 高压电晕放电干扰

(1)加压电源连接线采用防电晕的电缆线。

(2)变压器套管端部安装屏蔽罩(均压罩)。

2. 悬浮电位放电干扰

(1)与母线连接的被试变压器引线远离套管端部并可靠接地。

(2)变压器附近的电气设备、施工工具和器身上的所有配件均应良好接地。

3. 仪器电源的干扰

局部放电测试仪的电源应采取抗干扰措施。

4. 来自地线的干扰

来自地线的高频干扰信号,最为复杂和难以消除。

一般方式:局部放电试验回路应采用可靠的单点接地,接地线要尽量粗且要接成放射状,避免形成回路和串接。

其他方式:如果存在确属地线干扰信号时,可进行多种接地方式的尝试,如将电源地线尽可能远接至 100 m 以外,或与试品主变压器直接相连等,在考虑人身、设备安全的前提下,寻求干扰最小地接地方式,来完成试验。局部放电试验电源、局部放电测试仪的接地要分开,必要时局部放电测试仪取消接地。

七、振荡型冲击电压下的局部放电检测

相比传统的双指数冲击电压,由于振荡型冲击电压的振荡特性更容易激发缺陷产生局部放电,对绝缘的考核更加严格,也更有利于局部放电的检测。

由于冲击电压局放脉冲具有一过性特点,且易被位移电流所掩盖,为此通过开发 102 MHz 宽带电流传感器,并采用双向限幅器将位移电流钳制在 ±10 V 范围内,实现对振荡冲击下原始波形和局放信号的全采集。

八、局部放电的电磁波频谱特性

(1)局部放电所产生电磁波的频谱特性与放电源的几何形状及放电间隙的绝缘强度有关。

(2)当放电间隙比较小时,放电过程的时间比较短,电流脉冲的陡度比较大,能辐射出较高频率的电磁波。

(3)放电间隙的绝缘强度比较高时,击穿过程也会较快,此时电流脉冲的陡度也较大,辐射高频电磁波的能力也会较强。

(4)空气中电晕放电所产生的脉冲电流具有比较低的陡度,仅能产生 100 MHz 以下频率的电磁波,超过 300 MHz 的频率分量很少。变压器中局部放电所产生的脉冲电流,通常具有纳秒级的脉冲陡度,脉冲持续时间介于 1~100 ns,可产生频率在 1 GHz 以上的电磁波。

九、检测原理

(1)局部放电源相当于无线电发射装置。

(2)接收局部放电源的电磁信号可实现对局部放电的检测。

(3)在超高频段(UHF:300~3 000 MHz)内接收电磁信号,可避开大多数干扰。

(4)金属壳会屏蔽电磁信号。

(5)内置接收单元,或由非金属材料构成的外壳或缝隙处接收信号。

十、在线检测实例

(1)英国 DMS 通过变压器检修孔预先安装的 UHF 传感器,利用 UHF 宽带检测技术(500~1 500 MHz),可检测到 20 pC 的局部放电信号。

(2)荷兰 KEMA 则通过变压器事故放油阀安装的 UHF 传感器,利用抗干扰更好的 UHF 窄带检测技术(40 MHz 或 80 MHz 带宽),可检测到 50 pC 的局部放电信号。

十一、特高频(UHF)检测技术

变压器绝缘油乙炔和氢气有明显增长,且增长与负载具有相关性。

十二、超声波(AE)检测技术

1. 实现方式

利用超声换能器，将被测设备内部局部放电产生的超声波信号转换为电气信号。

2. 用途

可用于定性地判断局部放电信号的有无,以及结合电脉冲信号或直接利用超声信号对放电源进行定位,无法进行定量检测。

3. 效果

(1)对绕组围屏及相间隔板放电、分接开关接触不良放电、绕组出线及引线绝缘放电、最外层绕组表面放电、磁屏蔽及静电屏蔽悬浮放电等具有较高灵敏度。

(2)对发生在固体结构深处的局部放电,因声波信号在传播时要受到严密的阻隔和衰减,通常难以在油箱表面接收到有效的信号。

第十一节　直流偏磁水平检测

一、直流偏磁产生机理

地中有直流电流过,一部分直流电流经变压器中性点和线路到另一端变压器,并经中性点入地。

二、直流偏磁的危害

变压器产生直流磁通,加剧铁芯饱和,噪声增加、铁芯、螺栓、外壳过热,严重时损坏变压器。

三、直流偏磁水平的测量

采用具有直流电流检测功能的钳形电流表在变压器中性点接地线上测量。

四、直流偏磁的抑制

(1)电阻法:将电阻器串入变压器中性点,增加地上支路的电阻,使电流更多地流经大地土壤支路。

(2)反极性法:向地网注入一定直流电流,减小两地网间的电位差,在一定程度上拟制变压器的直流偏磁。

（3）电容法：将电容器串接接入变压器中性点，利用电容器通交隔直的功能，彻底阻断直流电流的流入，消除直流偏磁。

第十二节 变压器设备的不良工况、危害及诊断试验

结合该变压器低压侧断路器的历次跳闸记录及其历次色谱分析、介损试验数据，分析并得出其低压绕组变形主要是由于短路冲击的累积效应造成。最后，根据状态评价结果及故障原因分析，给出了变压器日常运行维护的注意事项及相关建议。

变压器是电力系统中的核心设备，其运行安全关系着整个电网的正常运行。

作为变压器使用过程中的一种常见故障，绕组变形会导致其本身机械性能的下降，而在累积效应下，一旦变形的绕组再次遭遇短路电流，就可能出现损坏，造成相应的安全事故。

技能类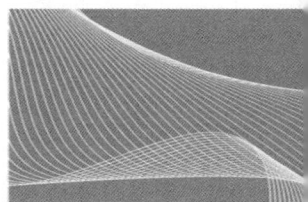

第七章 ZF56-252 型组合电器设备

第一节 组合电器设备概念

一、组合电器设备

将 2 种以上电气设备经优化设计组合在一起并能实现各自功能的电气设备。

二、AIS 设备与 GIS 设备

变电站一次设备按照绝缘方式分为敞开式电气设备(也叫 AIS 设备)和组合式电气设备(也叫 GIS 设备)。

(一)AIS 设备:利用空气作为绝缘介质的电器设备

变电站的一次设备,如断路器、隔离开关、电流互感器、电压互感器、避雷器、母线等,都按照一定的顺序、一定的距离依次排列安装,不同设备间、同一设备间的相与相之间都是靠空气绝缘的。

(二)GIS 设备:利用 SF_6 气体绝缘的封闭式组合电器设备

变电站的一次设备,如断路器、隔离开关、电流互感器、电压互感器、避雷器、母线等,都被优化、组合,装入到密封的冲入一定压力的 SF_6 气体的罐体内。

(三)GIS 设备与 AIS 设备的特点

(1)变电站敞开式电气设备比较多,比较凌乱。

(2)变电站组合式电气设备比较少,比较整齐、干净。

(四)GIS 设备的优点

(1)占地面积少。通过查阅权威资料,相同电压等级、相同容量的一座变电站,

组合式电气设备变电站只占敞开式电气设备变电站占地面积的 40%。

（2）可靠性高。由于变电站一次设备经过优化组合密封在罐体内，避免了设备受大气污染及电磁干扰的影响，安全性、可靠性大大提高。比如隔离开关导电触头、传动部件避免了受大气中的酸性、碱性、腐蚀性物质影响，不易产生氧化腐蚀，锈蚀卡涩等故障。再比如电压互感器、电流互感器避免了受外界电磁波的干扰，不易产生的灵敏度下降的故障。

（3）防火性能好。由于组合电器设备使用的是 SF_6 气体作为绝缘和灭弧介质，而 SF_6 气体是一种不可燃的气体，就避免了介质外泄造成的火灾事故。

（4）施工周期短。组合电器设备在出厂前都是经过厂家组装调试完成后，形成几个大的组装件，在施工现场只需将几个大的组装件进行连接即可，大大缩短了施工周期。

（5）检修周期长。由于组合电器设备经过优化组合密封在罐体内，避免了设备受大气污染、电磁干扰的影响，安全性、可靠性大大提高，故障率极低，因此检修周期非常长，节约了人力、物力、财力。

（五）GIS 设备的缺点

与敞开式的电气设备相比，它的缺点如下：

（1）故障查找和定位比较困难。由于设备都是密封在罐体内，看不到，摸不着，它不像敞开式的设备，出现渗漏油，设备锈蚀、卡涩等故障会一目了然，因此它与敞开式设备相比较故障查找和定位比较困难。

（2）故障时检修时间长。由于组合电器罐体内设备受环境影响极大，空气中的水分、灰尘都会影响运行，一旦罐体内的设备出现故障，都要返厂在洁净的环境下解体检修，因此在运输中要耽误好多时间，所以故障时检修时间长。

（3）故障时容易造成故障范围扩大。由于组合电器设备都是密封在密闭的罐体内，设备间的距离非常小，一旦出现放电、发热故障，会殃及相邻的设备，因此故障时容易造成故障范围扩大。

第二节　ZF56-252型组合电器设备特点

ZF56-252型组合电器是一种以 SF_6 气体绝缘金属全封闭开关设备(简称 GIS设备),它将断路器、隔离开关、接地开关、电流互感器、电压互感器、避雷器、母线、进出线套管或电缆终端等元件组合封闭在接地的金属壳体内。它的特点如下:

(1)全新设计的小型化间隔宽度最小为 2.1 m,处于国内领先水平。

(2)所配断路器采用"压气+热膨胀"的自能式灭弧原理,开断能力强,燃弧时间短,全开段时间 2 周波,电寿命长,满容量开断 20 次,结构简单可靠。

(3)断路器配用液压弹簧机构或弹簧机构,结构简单紧凑,可靠性高,维护工作量少,机械寿命长达 10 000 次。

(4)主变和母联间隔配用大功率液压弹簧机构,可实现三相机械联动操作。

(5)外壳采用铝合金材料,产品质量轻、对地基载荷要求小、耐腐蚀、涡流损失小、外壳温升低。无线电干扰水平低于 500 μV,适于在市区及居民区附近安装。

(6)环境适应性强,适用于环境条件恶劣如严重污染、多水雾、冰雹地区,高海拔和多地震地区以及用地紧张的闹市区和土石方开挖困难的山区水电站。

(7)灵活性强,除出线套管和部分连接母线外,可按用户要求组合成单母线、桥形接线、双母线等多种接线方式。

(8)可实现整间隔运输,大大缩短现场安装工作量和工期。

(9)既可安装于户内,又可安装于户外,产品适应性强。

第三节　ZF56-252型设备断路器及其机构

ZF56ZF56-252型断路器充分利用 SF_6 气体优异的灭弧和绝缘性能。开断过程中,通过热膨胀效应产生的热气体流入气缸内建立熄弧所需的压力,在喷口打开时形成吹弧气流并将电弧熄灭。

断路器结构简单,具有开断能力强,操动平稳等许多优点。操动机构采用液压弹簧机构或弹簧机构。

由于断路器经严格的密封与大气隔绝,SF_6 气体不会劣化,开断电弧对触头的烧损极微,因此灭弧室的检修周期很长。

鉴于断路器内充有 0.6 MPa 的 SF_6 气体,并做了严格的密封,因此应注意以下事项:

(1)维持额定压力。

(2)不得损伤阀门、气体管道等。

(3)不得损伤 O 形密封圈,O 形圈与法兰之间不得有灰尘。

(4)防止灰尘、潮气进入 SF_6 气体空间。

(5)气密性元件应采用专用 O 型密封圈。

一、SF_6 断路器的特点

(1)开断能力强。断路器除能开断正常故障外,为适应电网各种运行状况的需要,还可成功开断非正常短路故障,如失步故障,端子短路故障及禁区故障等。

(2)操作噪音小。由于断路器与大气隔绝,操作时没有排气噪音。

(3)结构简单,尺寸小。尽管单断口额定电压很高,但因为不需要排气,也就不需要排气阀,因此结构特别简单紧凑,体积很小。

(4)电寿命长。触头系统经 50 kA,20 次开断不换零件,因此检修周期很长。

(5)检修维护方便。由于本产品结构简单,密封可靠,大修周期长达 20 年以上,检修工作量小。

二、结构

(1)灭弧室由支撑绝缘台固定在传动箱上,动触头和静触头是通过绝缘台连接。壳体内充有 0.6 MPa 的 SF_6 气体。

(2)灭弧室由支撑绝缘台固定在传动箱上,并通过绝缘拉杆与机构相连接。

(3)合闸操动机构,使绝缘杆、汽缸、动主触头、动弧触头以及喷口向上运动,与静主触头接触。负载电流流向:上触头座→静主触头→动主触头→下触头座。

(4)分闸操动机构使绝缘杆、汽缸、动主触头、动弧触头以及喷口向下运动,与静主触头分离。由于气缸运动,气缸内的 SF_6 气体受压缩,形成气流通过喷口吹向触头之间的电弧。

（5）合闸操作断路器处于分闸位置，合闸弹簧储能，机构接到合闸信号，合闸线圈受电，合闸电磁铁的动铁心吸合带动合闸导杆撞击合闸掣子，时针旋转，释放储能保持掣子，合闸弹簧带动棘轮，顺时针快速旋转，与棘轮同轴运动的凸轮撞击大拐臂上的滚子，使输出拐臂向上运动，通过与断路器相连的连杆带动断路器本体快速合闸；同时分闸弹簧被压缩储能，以备分闸操作。

以上操作也可通过手里撞击合闸电磁铁导杆来实现。合闸操作完成后，电机再次对合闸弹簧储能。

（6）分闸操作断路器处于合闸位置，合闸弹簧与分闸弹簧均储能。

机构接到分闸信号，分闸线圈受电，分闸电磁铁的动铁心吸合带动分闸导杆撞击分闸掣子逆时针旋转，释放合闸保持掣子，分闸弹簧拉动拐臂顺时针旋转带动断路器本体完成快速分闸操作，同时带动大拐臂向下运动，将合闸保持掣子压下，使机构处于分闸位置。

以上操作也可通过手里撞击分闸电磁铁导杆来实现。

（7）防跳跃装置，本断路器装有机械防跳装置，具有防跳跃功能，另外在二次控制回路中加装了电气防跳。

第四节　ZF56-252 型设备隔离开关、接地开关及其机构

ZF56-252 型 GIS 用隔离、接地开关的所用带电部件（如动、静触头）等均安装在金属壳体中，隔离开关具有一套分、合闸装置，由专用设计机构进行操作。

一、用途

（1）隔离开关分为无开合能力隔离开关（在无电流情况下分合线路，起隔离断口的作用）和有开合能力隔离开关（具有开合母线转换电流和充电电流的能力）。前者不耐电弧烧蚀，只能起载流和隔离能力；后者配置铜钨合金触头，具有开合小电流的能力。

（2）接地开关分为在检修时起安全保护作用的保护性接地开关和具有关合短

路电流及开合感应电流能力的快速接地开关,又称故障关合接地开关。保护接地开关配 CJ 电动机构,快速接地开关配 CTJ 电动弹簧机构。

二、结构

(1)隔离开关有 GR 型和 GL 型 2 种,GR 型的载流回路呈直角形布置,GL 型的载流呈回路直线形布置。

(2)操动机构可选用电动机构 CJ 和电动弹簧机构 CTJ。

CJ 型电动机构由电动机、传动机构、微动开关、辅助开关等组成,它是由电动机带动蜗杆、蜗轮转动,与蜗轮同轴安装的输出拐臂通过连杆带动隔离或接地开关分合闸操作。

(3)CTJ 型电动弹簧机构由电动机、传动机构、储能弹簧、缓冲器、微动开关、辅助开关等组成。操作时,电动机带动蜗杆、蜗轮转动,蜗轮通过销轴带动弹簧拐臂压缩储能弹簧,当弹簧经过死点即压缩量达到最大时,储能弹簧自动释放能量,弹簧拐臂通过销轴带动从动拐臂快速旋转,与从动拐臂联动的输出拐臂通过连杆系统带动隔离接地开关实现快速分合闸。机构分合闸操作是通过控制电动机正反转实现的。

(4)CJ 型和 CTJ 型机构均可以用操作手柄就地进行手动分合闸操作。

三、三工位开关操作顺序

(1)三工位开关其实就是整合了隔离开关和接地开关两者的功能,由一个机构控制刀闸 3 个工作位置:合闸位置、分闸位置、接地位置,实现机械闭锁,防止主回路带电合地刀,避免了误操作。

(2)三工位刀闸的操作顺序,当三工位刀闸在合闸位置,只能实现从合闸到分闸,从分闸到接地,永远不能实现从合闸直接到接地,当三工位刀闸在接地位置时,只能实现从接地到分闸,再从分闸到合闸,永远不能实现从接地直接到合闸,

(3)当三工位刀闸在分闸位置,可以实现从分闸到合闸,或从分闸到接地的操作,因此分闸位置是三工位刀闸的中间环节,从而有效避免了刀闸的误操作。

第五节　ZF56-252 组合电器设备中的一般元件

一、电流互感器

ZF56-252 型 GIS 设备配用的是 LR(D)型电流互感器,是 GIS 中的电气测量和保护元件。

结构原理:LR(D)型电流互感器为单相封闭式、穿心式结构,一次线圈为主回路导电杆,二次线圈缠绕在环形铁芯上。导电杆与二次线圈间有屏蔽筒,一次主绝缘为 SF_6 气体绝缘,二次线圈采用浸漆绝缘,二次线圈的引出线通过环氧浇注的密封端子板引出到端子箱,再和各类继电器、测量仪表连接。

注意事项:电流互感器的二次回路不能开路。当二次绕组中流过电流时,如果二次绕组开路,则会在二次端子间产生异常高压。这一高压有可能破坏电流互感器二次线圈、引出端子、继电器或测量仪表的绝缘。

二、电压互感器

ZF56-252 型 GIS 所用电压互感器与 SF_6 气体绝缘金属封闭开关设备配套安装在户内或户外,供额定频率为 50 Hz、额定电压为 252 kV 电力系统作电气测量和电气保护之用。

结构原理:互感器的一次绕组"A"端为全绝缘结构,另一端作为接地端和外壳相连。一次绕组和二次绕组为同轴圆柱结构,一次绕组装有高压电极及中间电极,绕组两侧设有屏蔽板,使场强分布均匀。二次绕组接线端子由环氧树脂浇注而成的接线板经壳体引出,进入二次接线盒。接线盒盒盖装有橡胶密封条,有效防止受潮。

互感器可以水平或垂直安装,运输途中绝缘子上装保护罩。互感器外壳备有吊钩、接线端子、充气阀门,外壳盖板上安装压力释放装置。

三、氧化锌避雷器

ZF56-252 型 GIS 设备配罐式氧化锌避雷器(以下简称避雷器),是用于保护相应电压等级金属封闭开关设备免受大气过电压和操作过电压损坏的保护电器。

结构原理:罐式氧化锌避雷器主要由罐体、盆式绝缘子、安装底座及芯体等部分组成,芯体由氧化锌电阻片。

作为主要元件,它具有良好的伏安特性和较大的通流容量。在正常运行电压下,氧化锌电阻片呈现出极高的电阻,使流过避雷器的电流只有微安级,因此省去了传统的碳化硅避雷器不可缺少的灭弧间隙,使避雷器的结构大为简化。当系统出现危害电气设备绝缘的大气过电压或操作过电压时,氧化锌电阻片呈现低电阻,使避雷器的残压被限制在允许值以下,并且吸收过电压能量,从而对电力设备提供可靠的保护。

避雷器芯体密封在金属罐体内,罐内充有一定表压的 SF_6 气体。由于 SF_6 气体具有良好的绝缘特性,使得避雷器的有效占地空间比瓷套式避雷器大大减少,与 GIS 连接十分方便。罐式避雷器安装有压力释放装置,其作用是当罐体内部的压力超过规定值时,释放罐体内部的压力。在避雷器附属箱上部安装着放电计数器,可在运行中记录避雷器的动作次数。

四、母线

母线是 GIS 中汇总和分配电能的重要组成元件,一般按其所处的位置可分为主母线和分支母线;按其结构形式,还可分为单相式和三相共筒式之分。

ZF56-252 型 GIS 设备的主母线采用三相共同式结构,三相导体在壳体内呈倒立的等腰三角形结构,导体通过支柱绝缘子固定在外壳上,而分支母线则为单相式结构。

ZF56-252 型 GIS 设备的主母线导电回路连接都为插入式,其过渡触头为梅花触头,组装和拆卸都很方便。外壳连接处使用螺栓螺母紧固,因此很容易在短时间内更换或者加长。

五、气势分隔

支持导电杆的盆式绝缘子有 2 种,其中心导体被浇注在环氧树脂中。

(1)非气隔绝缘子:绝缘子两侧的气体可以相互贯通,属于同一气室。

(2)气隔绝缘子:两侧的气体完全隔开,分属不同的气室,即使是在极限压力差下,气体也不会泄漏到相邻的气室中。

（3）波纹管：在母线较长时为了防止由于热胀冷缩和安装误差或基础形变造成设备破坏，常在母线之间配置波纹管。此外，在 GIS 与外界振动源直接相连时，为了吸收振动，也常配置波纹管。

六、电缆终端

电缆终端是把高压电缆连接到 GIS 中的部件。GIS 的出线形式一般有套管出线、电缆出线及与变压器直接连接三种形式。

第六节　ZF56-252 型组合电器设备现场交接验收

一、安装、调试与交接试验

产品运达现场后如不立即安装，应存放在干燥、无污染、通风良好的室内。

安装前，根据设计单位提供的地基图检查安装现场建筑物、地面及基础建造是否符合图纸要求。

安装现场应配备必要的设备，包括：足够的运输与起吊设备，供设备就位用；电烘箱，供烘干吸附剂用；钳工工作台，供装配用；电焊机，用于焊接底架与预埋基础；吸尘器，供清理产品内部；SF₆气体回收装置，用于抽真空、SF₆气体回收处理；SF₆气体检漏仪，SF₆气体检漏用；微量水分测量仪，测量产品内气体水分含量；回路电阻测量仪，测量产品主回路电阻；机械试验控制台，供产品调试用；高压试验设备，供绝缘试验用；麦氏真空计，检查真空度；必要的高空作业工具。

上述设备应处于良好的待用状态，必要时可以通电试机。

安装调试前应清除 GIS 在运输、贮存过程中累积的灰尘和水迹。

安装应避免雨天作业，安装现场应无灰尘、积水，工作人员应穿戴干净的工作服和手套。

画线和基础检查的要求如下：

（1）按基础图要求用卷尺和墨斗在地面上画出各间隔、主母线就位的中心线。

（2）用水平仪测量各个间隔基础的水平度，用调整垫片调整水平度。

（3）用经纬仪测量各间隔主母线基础的标高并做好记录，作为 GIS 就位的依据。

当工程采用线路—变压器组接线时,上述过程可简化。

二、安装要领

GIS 在工厂已组装好,整体运输到工地,在工地只需进行主母线的对接、出线瓷套管和电压互感器的安装,以及二次配线、管路连接、接地线装配等工作。

连接螺栓紧固说明包括安装现场间隔与母线对接、瓷套的安装、电压互感器的安装、避雷器的安装、电缆罐的安装等。

连接螺栓通用注意事项如下:

(1)紧固和拆开螺栓时,应用吸尘器仔细清理金属屑、灰尘等异物,特别是两对接面的结合缝处,再用无毛纸擦拭干净。

(2)安装时要使 2 密封面平行地缓慢对接,时刻注意有无异物落入壳体内,密封圈不能脱落。

(3)安装螺栓时,首先对角穿入水平方向的螺栓,轻轻带紧螺母(不能完全紧固),使密封圈有一定的压缩量,然后将两螺栓同时紧固,两对接法兰面完全吻合,依次穿入其他螺栓,按均匀对称紧固的原则将法兰螺栓紧固好。

(4)拆卸螺栓顺序与安装紧固时正好相反,水平方向的两个螺栓最后拆解,其他螺栓按顺序对角拆卸,清理灰尘及金属屑后再拆解水平方向螺栓。

(5)所有螺栓的紧固均应使用力矩扳手,其力矩值应符合产品的技术规定。

(6)从基准间隔向两侧依次安装其他间隔,安装时应参照基础检查时所测各主母线标高,在 GIS 底架下加适当的调整垫片,保证主母线在同一平面。注意密封壳体内可能充有 0.05 MPa 的气体,打开封盖前应确认壳体内无压力。

(7)套管安装进出线间隔的出线套管,应避免碰伤密封面,斜装套管起吊后应倾斜一定的角度,与 GIS 外壳相适应,以便使套管内的导电杆顺利插入梅花触头中,并使密封面可靠对接。

三、密封处理

GIS 的气体密封处理是安装工作的重要环节,密封性能的好坏直接影响着GIS 可靠运行。密封面对接前,首先用吸尘器将壳体内部、密封面和螺纹孔内吸干净,用无毛卫生纸或白绸布浸无水酒精,将密封面和密封槽擦拭干净,并仔细检查密封槽面有无划伤,密封圈擦拭干净,检查是否有缺陷,涂少量真空硅脂,放入密封槽内,在密封槽外涂一薄层 D05 气体密封胶,安装时要使 2 密封面平行地缓慢对接,注意观察不要让密封圈从密封槽内掉出,紧固螺栓时注意不要将产生的屑子落入密封面上。

气体处理 GIS 的气体处理主要包括装入吸附剂、抽真空、充气 3 步。

吸附剂是用来吸收 SF_6 气体中的水分和电弧分解物。首先将吸附剂放在电烘箱内,在 300℃烘干 4 h 以上,迅速装入 GIS 内。

装入吸附剂后,要立即启动真空泵对安装吸附剂的气室抽真空,当真空度小于 133 Pa,再继续抽 30 min,关闭阀门静止 4 h,观察压力变化不大于 133 Pa,若超出范围,再抽真空至 133 Pa 并保持 30 min,以确定是否存在泄漏。

抽真空合格后,充入 SF_6 气体。充气管与气瓶或回收装置连好后,首先用 SF_6 气体冲洗充气管路以排除空气和水分,随后充 SF_6 气体至额定压力,充气可以用气体回收装置,也可以用 SF_6 气瓶直接充气。

对于在工厂组装密封好的气室,在现场可直接补气至额定压力,不必更换吸附剂和抽真空。

一次元件组装完成后,分别进行二次配线、短接排和接地排安装等工作,将 GIS 底架与预埋基础焊接在一起,最后根据合同要求对设备补漆或整体喷漆。

四、现场检查与试验

GIS 安装后,必须经过严格的检查与试验,确认安装正确可靠,方可投运。

GIS 的主要检查与试验项目有外观检查、接线检查、机械操作和机械特性试验、回路电阻测量、绝缘电阻测量、SF_6 气体检漏、SF_6 气体水分测量、连锁试验、电流互感器试验、电压互感器试验、避雷器试验、主回路工频耐压试验、控制回路工频耐压试验、最终检查。

第七节　ZF56-252 型组合电器设备使用、维护及检修

一、使用、维护及检修

在安装、试验合格后，即可投入运行。GIS 为气体绝缘设备，它不受外部环境条件，如污秽、水分、锈蚀等的影响，因而能长期保持良好的性能。SF_6 气体具有优异的灭弧和绝缘性能，使得触头寿命延长，结构简化，机械性能进一步改善。因此 GIS 的实用性远比常规敞开式电器优越，维护工作量小，检修周期长。但使用中因许多因素以及常年老化而引起电气性能及机械性能下降。因此，为早期发现设备不良部位，将故障防患于未然，就必须非常仔细地进行以下维护检查。

二、日常维护

日常维护的主要内容有气体压力指示是否正常；分合指针、指示灯是否正确；有无异常声音或气味产生；各动作元件动作次数的确认；断路器机构外部泄油的确认；接线端子有无过热变色；瓷套有无开裂、破坏情况；接地线接触是否良好；检查支架及垫片的生锈情况；检查操作机构箱内的生锈，污秽浸水状态的确认。

三、检修

GIS 的检修工作分为一般检修、详细检修和临时检修 3 种。

（1）一般检修是指将 GIS 短时停止运行，不解体从外部进行一般检查与修理，以保证 GIS 长期保持良好的性能。

（2）详细检修主要是针对操动机构进行解体和检修，更换部分易损零部件，详细检修需要临时停电。

（3）临时检修是在发现异常情况或达到规定的操作次数时临时安排的。

四、检修后试验

通常 GIS 检修后，要根据检修内容进行有关项目的试验。

设备解体前，如果残余气体向大气中排放时，一定要经过滤毒罐吸附，防止向大气中排放 SF_6 及其分解产物。

五、三相共简化

（1）将主回路元件三相装在公用的接地外壳内、通过环氧树脂浇注绝缘子加以固定和支撑。

（2）复合化、小型化、轻量化：主要将电缆终端、电压互感器、避雷器、隔离开关、接地开关置于一个气罐内。具有结构紧凑、占地面积小、壳体数量少、可节约材料、密封点数和长度少、漏气率低、减少涡流损耗和现场安装工作量等特点。

（3）智能化：通过开展在线监测技能（利用传感器采集信息，用光纤传输信息，用计算机处理信息，用数字显示信息）对 SF_6 气体、操动机构、控制和辅助回路，动力传动链进行连续监测，可以确切了解设备运行状况，还可以通过趋势分析，识别存在的隐性故障，及早发现故障，从而采取必要的措施，防患于未然，改以往的"定期检修"为"状态检修"，从而提高设备的利用率和节省检修费用。

第八章　配网不停电作业技术

第一节　带电作业的概念

一、带电作业到不停电作业的转变

供电部门对管辖的线路和设备进行检修作业时，做到对"用户不停电、不减供负荷"。按目前的技术水平，主要采用旁路作业法和临时供电法。这2种方式的工作过程都由带电作业（带电连接旁路电缆或接入临时电源）→停电作业（停电线路和设备的检修）→带电作业（带电恢复供电）组合而成。

2012年以前叫带电作业，对设备一种检修模式。2012年，国家电网公司提出了配网不停电作业概念，加快了中国配电网检修作业方式跨越式的转变，带电作业方式迅速发展到采用多种方式实施用户不停电检修作业。随后，"人民电业为人民"的服务宗旨的提出，"以客户为中心"的核心理念的提出，又加速了"用户完全不停电作业"的到来，利用"转供电、带电作业、保供电"的作业方式，实现客户"无感知"的作业。

二、进行带电作业的原因

目前以及未来，人们对供电质量要求之高超越了以往任何一个时代，人们对电能供给中出现，即使是极短暂停顿的承受能力，比以往任何一个时代表现得更为脆弱（如医院、化工企业、煤矿等）。

这种曾经在很长时间内，把技术上难以实现带电作业的工作留给停电作业去解决的做法，显然满足不了社会发展和经济建设对"连续可靠供电的高需求"和"供电质量的高要求"。20世纪60年代至80年代初，由于缺乏合适的人身安全防护用具及作业方式不规范,造成作业事故较多,导致部分地区停止了配网带电作业。

三、带电作业的基本概念

按照《带电作业工具设备术语(GB/T14286-2008)》中的定义:带电作业是指在带电的电力装置上进行作业或接近带电部分所进行的各种作业,特别是工作人员身体的任何部分或采用工具、装置或仪器进入限定的带电作业区域的所有作业。在交流 10~1 000 kV、直流±500~±800 kV 的高压架空电力线路、变电站(发电厂)的电气设备上进行的"带电"作业,包括输电、配电和变电带电作业。

在带电作业区域内工作,有别于一般意义下的停电状态下的检修工作。由于电对人体产生的电流、静电感应和电场等伤害,将直接危及到作业人员的生命安全。

为了确保带电作业人员的安全,必须对进入带电作业区域内工作的人员提供安全可靠的作业环境和防护措施,把人身安全保障放在首要位置,这是安全地开展带电作业工作的前提与基础。

根据《国家电网公司电力安全工作规程》,开展带电作业工作,必须保证作业人员"全员接受培训、全员持证上岗",包括工作票签发人、工作负责人和专责监护人。

四、中国带电作业发展概述

中国带电作业技术的发展与美国带电作业的情况类似,首先从配电线路上开始,发展到输电线路,再向变电站延伸。最早萌芽于 1952 年开始尝试带电作业,直到 1954 年,鞍山电业局在 3.3 kV 架空线路上使用木质操作杆进行了配电线路带电作业,开创了中国带电作业的先河。从此中国带电作业创始日定在 1954 年 5 月 12 日,并几经演变与发展,才有了中国带电作业的辉煌。

1956 年,在鞍山电业局成立了中国第一个带电作业专业班组。

1958 年,在鞍山电业局举办了中国第一期全国带电作业培训班。同年,人民日报发表《电力工业的重大技术革新——不停电检修电力线路》报道,水利电力部以水电生字第 58 号《关于推广不停电检修电力线路的通知》发向全国,从此,中国的带电作业以 1958 年作为正式开始年。

1970 年,在广州电业局成立了中国第一个三八带电作业班(第一任班长林玉明，1979 年 10 月 11 日"三八带电作业班"撤销）。

中国的带电作业技术经过 60 多年的不断发展与提高，取得了举世瞩目的成就，为中国的电网发展、安全可靠的供电创造了巨大的经济和社会效益。

2011 年，国网公司在山西临汾举办了 10 kV 架空线路带电作业技能竞赛。

2014 年，在湖南长沙举办了《纪念中国带电作业（60 周年）大会》，见证带电作业发展并作出卓越贡献的专家共庆中国带电作业 60 华诞。

2016 年，国网公司在浙江湖州举办了 10 kV 架空线路带电作业技能竞赛。

2019 年，中电联在浙江湖州举办了全国电力行业职业技能竞赛（10 kV 线路带电作业）。

20 世纪 80 年代 21 世纪初期，中国带电作业有几十年的空白期，原因是装备、技术不成熟，带电作业频繁到出现人身伤亡事故，造成带电作业发展处于停滞状态。

近年，国网公司提出了"人民电业为人民"的企业宗旨，"责任，诚信，创新，奉献"核心理念转变为"以客户为中心、专业专注、持续改善"，促使"逼迫"配网不停电作业到发展。

近年，国网公司推进带电作业机器人的研发，今年 9 月 17 日，央视《新闻直播间》播出《智能电网机器人上岗，独立进行带电作业》，黎明牌机器人带电火作业。国网宁夏电力有限公司近期也在调试带电作业机器人，推进机器人带电作业项目。

第二节　带电作业中有关电场、静电感应和电介质放电的概念

一、电场的概念

电场是带电体（电荷）的周围空间存在着的一种特殊物质。只要有电荷，其周围就有电场，通过电磁感应就可能对人体或设备带电。不同的带电体周围有不同的电场，包括均匀电场与不均匀电场。在均匀电场中，各点的电场强度的大小和方向都相同。

二、静电感应的概念

当一个不带电的导体接近一个带电体时，靠近带电体的一侧，会感应出与带

电体极性相反的电荷,而背离带电体的另一侧,则会感应出与带电体极性相同的电荷,这种现象称为静电感应。静电感应存在于静电场中。带电作业中的工频交流电场可以视为是静电场。因静电感应可能会遭受两种情况的电击:

(1)人体对地绝缘时遭受的静电感应。当人体对地绝缘时,因静电感应使人体处于某一电位(也即在人体与地之间产生一定的感应电压)。如果人体的暴露部位(例如人手)触及接地体时,人体上的感应电荷将通过接触点对接地体放电(电击),当放电的能量达到一定数值时,就会使人产生刺痛感。穿绝缘鞋的作业人员攀登在线路杆塔窗口时,离带电导线较近,人体上的感应电荷较多,如果用手触摸塔身时,手上就会产生放电刺痛感。

(2)人体处于地电位时遭受的静电感应。对地绝缘的金属物体在电场中因静电感应而积聚一定量的电荷,并使其处于某一电位。如果处于地电位的作业人员用手去触摸金属体,金属体上积聚的电荷将会通过人体对地放电,当放电电流达到一定数值时,同样会使人遭受电击。处于地电位的作业人员在带电作业时,要时刻注意不要触及对地绝缘的金属部件。

三、空气电介质放电

气体这种电介质由绝缘状态突变为良导电状态的过程,称为空气击穿(或放电)。处于正常状态并隔绝各种外电离因素作用的空气是完全不导电的。

通常空气中总有少量带电质点,如大气中就总存在少量的正、负离子(气体分子带电后称为离子,根据带正电或负电而相应称为正离子或负离子)。在电场作用下,这些带电质点沿电场力方向运动造成电导电流,所以空气通常并不是理想绝缘介质。由于带电质点极少,空气的电导极小,仍为优良的绝缘体。

发生击穿的最低临界电压称为击穿电压。均匀电场中击穿电压与间隙距离之比称为击穿场强,它反映了气体、固体等绝缘介质耐受电场作用的能力。

四、沿面放电

沿面放电是指沿着固体介质表面所进行的气体放电。如在带电作业中,带电作业工具和空气的交界面上出现放电现象就是沿面放电。

沿面放电发展成贯穿性的空气击穿称为闪络。沿面放电是一种气体放电现象,沿面闪络电压比气体或固体单独存在时的击穿电压都低。带电作业中,作业人员周围环境就是一个空气绝缘的电场。

为了保证作业人员的人身安全,必须严格控制和保证可能导致对人体直接放电的那段空气间隙(安全距离)要足够大,目的就是为了防止发生空气放电。

影响空气放电的因素很多,例如电场的均匀程度(由电极形状和间隙距离决定)、间隙上所加电压的波形、湿度、温度等。

五、固体电介质放电

在强电场作用下,固体电介质丧失电绝缘能力而由绝缘状态突变为良导电状态,称为固体电介质放电。发生击穿时的临界电压称为电介质的击穿电压,相应的电场强度称为电介质的击穿强度。

与气体介质相比,固体电介质的击穿场强较高。需要注意的是:气体介质击穿表现为火花放电,外加电场一消失,气体会自恢复绝缘性能,即空气电介质是一种自恢复绝缘(破坏性放电后能完全恢复其绝缘性能的绝缘);而固体电介质击穿是不可逆的,是不可自恢复原来的绝缘性能,将永久丧失绝缘性能,如常用的环氧玻璃纤维绝缘材料就是一种非自恢复绝缘(破坏性放电后即丧失或不能完全恢复其绝缘性能的绝缘)。

这是由于固体电介质击穿后,通过介质的电流剧烈的增加有强大的电流通过,使固体电介质击穿后留下有不能恢复的痕迹,如烧焦或熔化的通道、裂缝等,即使去掉外施电压,也不会像气体电介质那样能自行恢复绝缘性能。

六、固体电介质局部放电和不均匀电介质的击穿

在含有气体(如气隙或气泡)或液体(如油膜)的固体电介质中,当击穿强度较低的气体或液体中的局部电场强度达到其击穿场强时,这部分气体或液体开始放电,使电介质发生不贯穿电极的局部击穿,这就是局部放电现象。

这种放电虽然不立即形成贯穿性通道,但局部长期地放电,使电介质的劣化损伤逐步扩大,导致整个电介质击穿。不均匀电介质击穿是指包括固体、液体或气体组合构成的绝缘结构中的一种击穿形式。

与单一均匀材料的击穿不同,击穿往往是从耐电强度低的气体开始,表现为

局部放电,然后或快或慢地随时间发展至固体介质劣化损伤逐步扩大,致使介质击穿。

第三节 电对人体的作用以及带电作业的技术条件

电对人体的作用主要表现为电流、静电感应和电场的危害等,所对应的安全防护就有电流、静电感应和电场的防护等。

一、电流的危害及防护

人体的不同部位同时接触了有电位差(相对地之间或相与相之间)的带电体时,会产生的电流(包括阻性电流和容性电流)伤害。如人体站在地面上,如果直接接触高于地电位的带电导线就会形成一个闭合回路,于是就会有一个电流流过人体,即触电。带电作业中人体触电的方式主要有单相触电(单相接地)或两相触电(相间短路)等。

单相触电(单相接地),是指人体接触到地面或其他接地导体的同时,人体另一部位触及某一相带电体所引起的电击。发生电击时,所触及的带电体为正常运行的带电体时,称为直接接触电击。

两相触电(相间短路),是指人体的两个部位同时触及两相带电体所引起的电击。两相触电不论电网是否中性点接地,也不论人体与大地是否绝缘,触电的情形都一样。

在此情况下,人体同时与两相导线接触时,人体所承受的电压为三相系统中的线电压,即电流将从一相导线通过人体流至另一相导体,这种危险情况非常大。

这种电击情况下流过人体的电流完全取决于与电流流过途径相对应的人体电阻和电网的线电压。因此两相时触电流过人体电流要比单极接触时严重得多,危险性也大得多。

二、静电感应和电场的危害及防护

静电感应和电场的危害主要表现为,人在带电体附近工作时,由于电场的静电感应而对人的身体或精神上产生的风吹、针刺等不舒适之感,以及静电感应产生的暂态电击的伤害。在强电场下的沿绝缘工具表面闪络放电或相对地的空气间隙击穿放电的伤害，这种气体放电的电弧和电流与绝缘工具的泄漏电流相比，其危害程度要严重得多。

因此，带电作业除进行必需的电流、静电感应和电场的安全防护外，还必须严格控制和保证可能导致对人体直接放电的那段空气间隙(安全距离)要足够大，否则将形成放电回路(接地和相间短路)对人体同样会造成致命的危害，即空气间隙击穿放电产生的电弧和电流的伤害(包括强电场下沿绝缘工具表面闪络放电)。

三、带电作业的 3 个技术条件

为了保证带电作业人员不致受到触电伤害的危险，并且在作业中没有任何不舒服之感，安全地进行带电作业必须具备以下 3 个技术条件。

(1)流经人体的电流不超过人体的感知水平 1 mA(稳态电流，暂态电击不超过人体的感知水平 0.1 mA)。

(2)人体体表局部场强不超过人体的感知水平 240 kV/m(强电场防护)。

(3)人体与带电体(或接地体)保持规定的安全距离(空气间隙)，即严格控制和保证可能导致对人体直接放电的那段空气间隙(安全距离)要足够大，不得小于安规规定的数值。

输电必需特点：空间大，电场强度高，带电作业防护重点为电场强度，主要靠屏蔽服，利用法拉第牢笼原理，保护作业人员不受伤害。

在静电感应和电场防护方面，需要特别说明的是，绝缘工具置于空气之中以及人体与带电体之间充满着空气，在强电场的作用下，沿绝缘工具表面闪络放电或空气间隙击穿放电，也是造成人身弧光触电伤害的一条途径。

强电场防护必须注意以下要求：人体体表局部场强不超过人体的感知水平 240 k V/m；与带电体(或接地体)保持规定的安全距离(空气间隙)。

配电线路特点：导线布置紧密，空间狭小，电场强度可以忽略不计，带电作业防护重点为电流，主要靠绝缘隔离措施保证人员安全。

电流防护必须注意以下要求：流经人体的电流不超过人体的感知水平 1 mA(稳态电流，暂态电击不超过人体的感知水平 0.1 mA)体表局部场强不超过人体的感知水平 240 kV/m;与带电体(或接地体)保持规定的安全距离(空气间隙)。

四、带电作业的主要分类方法

能够满足带电作业技术条件的作业方法有多种,但无论哪种作业方式,都是由"人体、带电体、绝缘体和接地体"所组成,都遵循了同一个原理,即用"绝缘工具(或空气间隙)"将人与带电体或接地体分开,使"泄漏电流"不超过允许值,同时具备一个保证不对人体放电的"安全间隙",以及对"强电场安全防护"要求。

按作业时人体所处的电位来划分,带电作业可分为地电位作业法、中间电位作业法和等电位作业法。

为保证带电位作业时作业人员的安全,人体必须与带电体保持足够的安全距离(单间隙);绝缘工具满足其良好的绝缘性能(阻值不低于 700 MΩ)和有效的绝缘长度。

应当指出的是,绝缘工具的性能直接关系到作业人员的安全,如果绝缘工具表面脏污或者内外表面受潮,泄漏电流将会急剧增加。当增加到人体的感知电流以上时,就会出现麻电甚至触电事故。因此,使用时应保持绝缘工具表面干燥清洁,并妥善保管以防止受潮。

地电位作业法主要是通过绝缘工具来完成其预定的工作目标。基本操作可分为"支、拉、紧、吊"等,它们的配合使用是间接作业的主要手段。

中间电位作业法是指人体处于接地体和带电体之间的电位状态(介于地电位和带电体的高电位之间的某一悬浮电位),使用绝缘操作工具间接接触带电体的作业。作业时人与带电体的关系为带电体→绝缘体→人体→绝缘体→接地体。

中间电位作业时,不仅要求通过两部分绝缘体分别与接地体和带电体隔开,而且要求由人体与接地体和带电体之间组成的"组合间隙"S(两端空气间隙 S_1 与 S_2 的和)保持安规规定的最小安全距离,来共同防止带电体通过对人体和接地体发生放电,以确保安全。组合间隙一般要比相应电压等级的单间隙大 20% 左右,才能确保进行中间电位作业时作业人员的安全。

组合间隙 S=人体与带电体 S_1+人体与接地体 S_2

等电位作业法是指作业人员保持与带电体(导线)同一电位的作业,即人体通过绝缘体与接地体(大地或杆塔)绝缘后,人体直接接触带电体的作业。

作业时人体必须与接地体保持安规规定的最小安全距离(单间隙),人与带电体的关系为带电体→人体→绝缘体→接地体。

特别要注意,在实现等电位的过程中,将发生较大的暂态电容放电电流。

(1)在进入等电位的过渡过程中,人体与带电体之间的电位差 Uc 作用在人体与带电体所形成的电容 C 上,将形成一个放电回路,放电瞬间相当于开关 S 接通瞬间,此时限制电流的只有人体电阻 Rr。对于 110 kV 或更高电压等级的输电线路,冲击电流的初始值是比较大的,一般约为十几至数十安培。因此作业人员必须身穿全套屏蔽服,通过导电手套或等电位转移线(棒)去接触导线,否则,若徒手直接接触导线,就有可能导致电气烧伤或引发二次事故。

(2)当作业人员脱离等电位时,即人与带电体分开并有一空气间隙时,相当于出现了电容器的两个极板,静电感应现象同时出现,电容器被充电。当这一间隙小到使场强高到足以使空气发生游离时,带电体与人体之间又将发生放电,就会出现电弧并发出"啪啪"的放电声。所以每次移动作业位置时,若人体没有与带电体保持同电位,都要出现充电和放电的过程。

因此,在进入或脱离等电位时都应动作迅速,以防止暂态冲击电流对人体的影响。

如果等电位作业人员等电位(靠近导线)动作迟缓并与导线保持在空气间隙易被击穿的临界距离,那么空气绝缘时而击穿,时而恢复,就会发生电容 C 与系统之间的能量反复交换,这些能量部分转化为热能,有可能使导电手套的部分金属丝烧断。

按作业人员与带电体的位置来划分,带电作业可分为间接作业法和直接作业法。

间接作业法,指作业人员不直接接触带电体,保持一定的安全距离,利用绝缘工具间接接触带电体进行的作业。输电线路带电作业中的"地电位作业法和中间电位作业法"以及配电线路带电作业中的"绝缘杆作业法"均属于这类作业。

直接作业法,指作业人员直接接触带电体进行的作业。

特别强调的是,直接作业法在输电带电作业中指的是"等电位作业法"(国外也称为徒手作业),在配电线路带电作业中指的是"绝缘手套作业法"。

五、带电作业安全技术

1. 过电压的类型

电力系统由于外部(如雷电放电)和内部(如故障跳闸或正常操作)的原因,会出现对绝缘有危害的持续时间较短的电压升高,这种电压升高(或电位差升高)称为过电压。由雷电活动引起的过电压称为外部过电压,包括直击雷过电压和感应雷过电压,而由电力系统内部操作和故障引起的过电压称为内部过电压,包括操作过电压和暂时过电压,其中暂时过电压又分为工频过电压和谐振过电压。

过电压不仅对电力系统的正常运行造成威胁,而且对带电作业的安全也很重要。因此,在设备绝缘配合、带电作业安全距离选择、绝缘工具最短有效长度以及绝缘工具电气试验标准中都必须考虑这一重要因素。

2. 带电作业中的作用电压类型

电气设备在运行中可能受到的作用电压有正常运行条件下的工频电压、暂时过电压(包括工频电压升高)、操作过电压与雷电过电压。

(1)《国家电网公司电力安全工作规程》规定雷电天气时不得进行带电作业。因此,带电作业时不必考虑雷电过电压,但必须考虑正常运行条件下的工频电压、暂时过电压(包括工频电压升高)与操作过电压的作用。

(2)在 10 kV 电压等级下,作用在绝缘工具上的电压及倍数分别为最高工作相电压 11.5 kV,工频过电压倍数为 1.3~1.4,操作过电压倍数为 4。GB 311.1–2012 "绝缘部分 第一部分:定义、原则和规则"明确了各电压等级下的过电压倍数 K0,其中 10 kV 非直接接地系统过电压倍数取 4,考虑 10% 的电压升高,10 kV 配电线路带电作业系统最高过电压为 44 kV。

3. 带电作业中的绝缘类型

带电作业中除空气间隙为自恢复绝缘之外,一般带电作业绝缘工器具、装置和设备的绝缘均为非自恢复绝缘。

这类绝缘外表面为空气,当火花放电发生在固体绝缘的沿面时,火花放电过后,绝缘能自动恢复,也就是说,发生在自恢复绝缘中的破坏性放电能自恢复。

而发生在固体绝缘内部的放电,则为不可逆的绝缘击穿。

4. 带电作业的安全性

(1)带电作业的危险率:在带电作业中,通常将带电作业间隙在每发生一次操作过电压时,该间隙发生放电的概率称为带电作业的危险率。目前,公认可接受的带电作业的危险率 $R0=1.0 \times 10^{-5}$,意味着带电作业间隙每遇到一次系统操作过电压,就有十万分之一的放电可能性;亦即系统操作过电压在相同条件下连续出现十万次中,带电作业间隙有一次放电机会。

(2)带电作业的事故率:指开展带电作业工作时,作业间隙因操作过电压而放电所造成事故的概率。危险率是无量纲的数值,而事故率则是每百千米线路在一年中发生事故的次数统计值,以"次/(100 km 年)"为单位。事故率的大小取决于许多因素。例如,一年中进行带电作业的天数、系统操作过电压极性以及作业间隙的危险率等。

(3)带电作业的保护间隙:事先制作好的、在带电作业时装在作业地点附近的、一种暂时的、人为限制过电压的保护装置,它是带电作业的一种保护装置,作业前采用带电作业方法装在工作相的工作地点附近,以限制过电压保持在一定的水平,保证作业人员的安全。

第四节　带电作业安全距离的确定

带电作业时的安全距离,是指为了保证作业人员人身安全,作业人员与不同电位的物体之间应保持的各种最小空气间隙距离的总称。具体地说,安全距离包括 5 种间隙距离:最小安全距离、最小对地安全距离、最小相间安全距离、最小安全作业距离和最小组合间隙。

带电作业安全距离的确定,是保证带电作业人员人身和电气设备安全的关键,防止过电压伤害的根本手段就是在不同电位的物体(包括人体)之间保持足够的安全距离。

1. 最小安全距离

是为了保证人身安全,地电位作业人员与带电体之间应保持的最小距离。

2. 最小对地安全距离

是为了保证人身安全,带电体上的作业人员(等电位)与周围接地体之间应保持的最小距离。

3. 最小相间安全距离

是为了保证人身安全,带电体上的作业人员(等电位)与邻相带电体之间应保持的最小距离。

4. 最小安全作业距离

是指为了保证人身安全,采用间接作业法如绝缘杆作业法时,考虑到工作中必要的活动,作业人员在作业过程中与带电体之间应保持的最小距离。

5. 最小组合间隙

是指为了保证人身安全,采用中间电位作业时,人体对接地体与对带电体两者应保持的距离之和。

6. 绝缘工具有效绝缘长度

是指绝缘工具的全长减掉握手部分及金属部分的长度。

10 kV 电压等级的绝缘操作杆的最小有效绝缘长度为 0.7 m,绝缘承力工具和绝缘吊绳的最小有效绝缘长度为 0.4 m。

7. 安全距离和有效绝缘长度的修正

一般情况下,带电作业有关规程、标准和导则上所列的安全距离、绝缘工具有效绝缘长度等数据适用于海拔高度 1 000 m 及以下。当海拔高度在 1 000 m 以上时,应根据作业区不同海拔高度,修正各类空气与固体绝缘的安全距离和长度。

8. 注意事项

目前,在高海拔地区开展配网不停电作业时,3 000 m 以下地区与平原地区技术参数一致,3 000 m 以上地区相地最小安全距离 0.6 m,相间 0.8 m,绝缘承力工具最小有效绝缘长度 0.6 m,绝缘操作工具最小有效绝缘长度 0.9 m,绝缘遮蔽重叠应不小于 20 cm。

第五节 配电线路带电作业方法分类和作业原理

一、带电作业向不停电作业的转变

进入 21 世纪,配网不停电检修作业方式已从点发展到面:点指单一配网架空线路带电作业;面指采用"带电作业、旁路作业和临时供电作业",对配网架空线路和电缆线路实施"用户"不停电作业。

10 kV 电缆线路不停电作业的开展,使原有带电作业的概念已无法涵盖架空线路带电作业和电缆不停电作业两种作业方式。为此,国家电网公司在 2012 年提出了涵盖 10 kV 架空线路带电作业和 10 kV 电缆线路不停电作业的"配网不停电作业"概念,并将"用户"不停电作为"城市配网检修作业的主要方式"。

2016 年,国网公司明确指出,不停电作业是以实现用户的不停电或短时停电为目的,采用多种方式对设备进行检修的作业,包括公司系统内开展的 10 kV 配网架空线路和电缆线路不停电作业工作。

依据国网运监三〔2016〕94 号《10 kV 配网不停电作业规范(试行)》中的相关规定,不停电作业方式分为绝缘杆作业法、绝缘手套作业法和综合不停电作业法,不停电作业项目分为 4 类(33 项),并特别明确了"旁路作业"在配网架空线路带电作业和电缆不停电作业中的应用。

典型作业项目有 33 项,其中简单项目 14 项、复杂项目 19 项。

二、绝缘杆作业法

以绝缘工具为主绝缘、绝缘防护用具为辅助绝缘,作业人员戴着绝缘手套并通过绝缘工具(绝缘杆)进行的作业。

保证绝缘杆作业法作业安全的技术条件如下。

(1)保持人身与带电体之间足够的安全距离:不小于 0.4 m。

(2)保证绝缘工具(绝缘杆)良好的绝缘性能:阻值应不低于 700 MΩ。

(3)保持绝缘工具(绝缘杆)有效的绝缘长度:不得小于 0.7 m(绝缘承力工具和绝缘吊绳的有效绝缘长度为 0.4 m)。

采用登杆作业时,在"相与相"之间(构成泄漏电流回路):带电体→绝缘杆(主绝缘)→人体→大地(杆塔)。

采用登杆作业时,在"相与相"之间(构成电容电流回路):带电体→空气间隙(主绝缘)→人体→大地(杆塔)。

针对绝缘杆作业法在带电作业的应用,还需要强调以下几点:

(1)当采用登杆工具(脚扣)进行绝缘杆作业法作业时,作业人员远离带电体,中间依靠绝缘工具作为主绝缘,带电的相导线才不至于通过击穿空气间隙对人体放电。

(2)采用绝缘杆作业法作业时,空气间隙(安全距离)在间接带电作业中起着天然屏障的作用,失去它的保护将是非常危险的。当安全距离不能得到有效保证时,作业时作业人员应正确穿戴个人绝缘防护用具,用绝缘操作杆按照"从近到远、从下到上、先带电体后接地体"的遮蔽原则对作业范围内的带电体和接地体设置绝缘遮蔽(隔离)措施,是保证作业安全的重要技术措施。

(3)绝缘杆作业法既可在登杆中采用,也可在绝缘斗臂车、绝缘平台和绝缘脚手架上采用。

三、绝缘手套作业法

也称为直接作业法,是指作业人员通过绝缘手套并与周围不同电位适当隔离保护的直接接触带电体所进行的作业。在绝缘手套作业法作业中,为保证作业人员安全,它以绝缘斗臂或绝缘平台为主绝缘,绝缘防护用具为辅助绝缘,作业人员通过戴着的绝缘手套直接接触带电体的直接作业法。

针对绝缘手套作业法,这里需要特别强调和指出以下问题。

(1)当忽略人体对导线和大地的电容 C_1、C_2 以及人体电阻后,通过人体的电流的大小主要取决于绝缘斗臂车或绝缘平台的绝缘电阻的大小。保证绝缘斗臂车或绝缘平台可靠的绝缘性能,是进行绝缘手套作业法作业的先决条件,对作业人员的安全担负着非常重要的主绝缘保护作用。

(2)作业人员"戴着绝缘手套"直接接触带电体进行作业操作,要比绝缘杆作业法(间接作业法)更便捷高效。带来便捷、高效的前提是,原有的安全距离(0.4 m)

无法满足,因此在带电区域内工作,作业人员不仅要正确穿戴个人绝缘防护用具,而且还要对作业区域的带电导线、绝缘子以及接地构件(如横担)等应采取相对地、相与相之间的绝缘遮蔽(隔离)措施,才能确保作业人员的安全。

(3)当采用绝缘手套作业法,在"相与地"之间构成泄漏电流回路,绝缘斗臂车的绝缘臂和绝缘斗形成组合绝缘起主绝缘保护的作用。作业人员在带电区域内工作时,除考虑"相与地"之间"人体与主绝缘"所形成的泄流电流回路,还应特别防范"相与地"和"相与相"之间"人体与辅助绝缘"所形成的触电(接地和短路)回路。在这些触电回路中,对人体起到主绝缘保护作用的是:人与带电体或接地体间的空气间隙(安全距离)。主绝缘预防性试验:45 kV 1 min 无击穿、无闪络、无发热(操作杆,绝缘斗臂车,绝缘脚手架,绝缘平台)辅助绝缘预防性试验:20 kV 1 min 无击穿、无闪络、无发热(绝缘防护用具:绝缘服、绝缘手套、绝缘毯、绝缘遮蔽罩等)。

为了保证作业人员的安全,在采用绝缘手套作业法进行带电作业时,还需要特别注意以下几点:

(1)绝缘斗臂车必须保证良好的绝缘性能;工作中车体应使用不小于 16 mm² 的软铜线良好接地;作业中绝缘臂的金属部分与带电体之间的安全距离不得小于 0.9 m;若绝缘臂为直臂伸缩式结构,上节绝缘臂的伸出长度应在 1 m 及以上。

(2)为了防止人体"串入"电路,形成"接地"或"相间短路"以及"空气间隙击穿"对人体造成的触电伤害,在带电区域内工作的作业人员,必须"远离"带电体和接地体,对周围接地体(如电杆、横担等)保持大于 0.4 m 的安全距离,与作业邻相带电体之间保持不小于 0.6 m 的安全距离至关重要。应当指出的是带电作业中的安全距离,受人为因素的影响,是一个"不可控的规定值",并非如电气安全距离(可控的规定值)维持某一固定不变的值。作业中应严格执行并确保作业过程中人身与带电体和接地体留有"足够的安全裕度(空气间隙)"。当安全距离不能有效保证时,应按照"从近到远、从下到上、先带电体后接地体"的遮蔽原则对作业中可能触及的带电体、接地体做好绝缘遮蔽(隔离)措施(拆除时顺序相反)。

配网带电作业有其独特特点——有合适的绝缘遮蔽、绝缘防护用具。只要带电体与人体、接地体之间的绝缘遮蔽、绝缘防护用具绝缘性能达到防范这个过电压值,就可以不用达到上述安全距离,而安全地进行配电线路带电作业。

四、综合不停电作业法

指综合运用绝缘杆作业法、绝缘手套作业法以及旁路(临电缆)、发电车、移动箱变车等设备的大型作业项目。开展综合不停电作业项目,相对绝缘杆作业法和绝缘手套作业法作业项目来说,作业人员规模、工器具设备投入要求较高。

在"综合不停电作业法"项目中,既包含了采用带电作业的"绝缘杆作业法和绝缘手套作业法"项目,又包含了利用旁路作业工具及装备的"旁路作业"项目。

为了在对线路和设备进行检修作业时,做到对用户不停电、不减供负荷,可以采用"旁路作业和临时供电作业"2 种方式来实现待检修线路和设备的停电检修工作。其中,"旁路作业和临时供电作业"的关键就是如何构建一条临时"旁路电缆供电系统"实现线路负荷转移。

在"综合不停电作业法"项目中,既包含了采用带电作业的"绝缘杆作业法和绝缘手套作业法"项目,又包含了利用旁路作业工具及装备的"旁路作业"项目。

为了做到对线路和设备进行检修作业时对用户不停电、不减供负荷,就可以采用"旁路作业和临时供电作业"两种方式来实现待检修线路和设备的停电检修工作。其中,"旁路作业和临时供电作业"的关键就是如何构建一条临时"旁路电缆供电系统"实现线路负荷转移。

最基本的"旁路电缆供电系统",通常由旁路引下电缆(柔性电缆)、旁路负荷开关、旁路柔性电缆以及与架空导线连接时的引流线夹、与旁路负荷开关连接时的快速插拔终端和中间接头所组成。

某线路 D 段故障需要检修,以往需要进行停电检修,现在,通过技术手段,采用旁路法,就可以对故障 D 段进行停电检修。

1. 旁路引下电缆

用于连接架空导线和旁路负荷开关的电缆,指的是带引流线夹的旁路柔性电缆。其中,一端安装有与架空导线连接的引流线夹,另一端安装有与旁路负荷开关以及与旁路连接器(直通接头、T 型接头)连接的快速插拔终端。每组电缆 3 根,以

3 种颜色(黄、绿、红)辨识。

2. 旁路负荷开关

旁路负荷开关是用于户外、可移动并快速安装在电杆上的小型开关,具有分闸、合闸两种状态,用于旁路作业中的电流切换。

最基本的"旁路电缆供电系统",通常由旁路引下电缆(柔性电缆)、旁路负荷开关、旁路柔性电缆以及与架空导线连接时的引流线夹、与旁路负荷开关连接时的快速插拔终端和中间接头所组成。

某线路 D 段故障需要检修,以往需要进行停电检修,现在,通过技术手段,采用旁路法,就可以对故障 D 段进行停电检修。

五、旁路柔性电缆

一种承载着架空线路的负荷电流的电缆,由多股软铜线构成的、能重复使用的可弯曲的交流电力电缆。旁路柔性电缆的两端安装有快速插拔终端,便于旁路柔性电缆与旁路连接器(直通接头、T 形接头)、旁路负荷开关以及移动箱变车的连接。

六、旁路电缆终端

为便于旁路柔性电缆与环网柜(分支箱)的连接,还需配备与环网柜(分支箱)连接的辅助电缆,以及根据环网柜(分支箱)上的套管选择相应的旁路电缆终端,包括螺栓式(T 形)终端和插入式(肘型)终端等。

七、快速插拔终端和中间接头

指用于旁路柔性电缆之间连接的专用接头,包括旁路柔性电缆直通连接时的快速插拔终端、快速插拔直通接头以及分支连接时的快速插拔 T 形接头。配合直通接头和 T 形接头可以调节柔性旁路电缆长度或连接支路数。

第九章 电力调度监控运行的可靠性及改进探索

第一节 电网监视原则

随着人们对于电力资源的需求不断增加,电力行业得到了迅速发展,对我国社会经济的发展以及人们的生活有着重要的影响。电力建设规模不断扩大的同时,电网系统也日益复杂化,为了保障电力系统稳定运行,调度监控工作是非常关键的。由于电力系统自身相对复杂,因此电力调度工作难度也大幅度增加。随着各种电力设备的不断增多,也对电力调度监控工作提出了更高的要求,只有不断提升电力调度监控运行的可靠性,才能够最大程度上保障电力系统的安全稳定运行。

一、电网监控信号

1. 一类(事故信号)

主要反映由于非正常操作和设备故障导致电网发生重大变化而引起断路器跳闸、保护装置动作(含重合闸等)的信号以及影响全站安全运行的其他信号,如全站直流消失等。

2. 二类(紧急故障信号)

主要反映电网二次电气设备状态异常及设备健康水平恶化并及时作出处理的信号,如系统接地、断路器控制回路或采样回路断线、装置异常、装置闭锁、过负荷、开关非全相、通信电源异常,输出告警等信号。

二类信号同时包括上级反措文件中强调的需要重点监视的状态类信号,如双母线电压切换继电器同时动作(刀闸同时动作)、消弧线圈选线等信号。

3. 三类(一般异常信号)

主要反映电网电气设备状态轻微异常,需要酌情给予处理的信号,如断路器弹簧未储能,打压电机运行超时,端子箱内单个空开跳闸,轻微过负荷等信号。

三类信号同时包括需要重点监视的状态类信号,如两母线电压并列、母岔开入变位等信号。

4. 四类(状态信号)

主要反映监控人员无需实时监控的电气设备运行状态以及运行方式,如反映保护功能压板、同期压板投退的信号等,同时包含保护装置、故障录波器、收发信机等设备的启动等。

二、电网监控原则

1. 实时监控值班管理

(1)电网监控设置正、副值班监控席位各一名,负责对电网监控事项信号进行监视,并依据信号反映的电网变化予以相应处理。

(2)监控人员应掌握所控范围的系统各种运行方式。副值班监控员在正值班监控员监护下监视系统运行方式、各站当前运行方式,认真监视所控站主接线图、开关及刀闸位置、遥测值、实时信息等运行工况,确保监控系统与变电站接线方式一致。

(3)监控岗正值班监控员当值期间应在监控系统图形界面上至少核对一次全网本局直辖变电站运行方式,并核对各站遥测值是否出异常;监控岗副值班监控员应每小时检查管辖各站通道情况。

(4)监控人员应了解所控范围内各站的操作情况、停役申请的完成情况、现场工作概况等。

(5)由于某些特殊原因而需要在一定时间内进行重点关注的设备或线路,监控员必须按值班长要求监控信号,注意与现场核实其状态。

2. 确认系统的运行方式以及运行限额

电力系统主要运行方式按系统状态分为正常运行方式、事故运行方式和特殊运行方式(也称为检修运行方式)。而对电网正常运行方式的要求是能充分满足用户对电能的需求,电网所有设备不出现过负荷和过电压问题,所有输电线路的传输功率都在稳定极限以内,有符合规定的有功及无功功率备用容量,继电保护及安全自动装置配置得当且整定正确,系统运行符合经济性要求,电网结构合理,有较高的可靠性、稳定性和抗事故能力,通信畅通,信息传送正常。合理的电网结构是各种运行方式的基础,它约束和规定了电网的运行方式。针对不同的电网结构和不同的运行方式,研究电网的特性,确定各种事故条件下应采取的对策,是电网运行工作的重要任务之一。

3. 监视发电出力

及时根据负荷情况调整发电出力,这在调度中经常能够遇到。区调经常通知:把××线负荷限制在××kV之内。

4. 监视运行方式、发电出力、无功补偿装置 AVC 投切、重载变电站

梯级水库水位情况要合理安排开机方式。

在电网正常运行中,避免不了电压有越限情况,这时候就要及时调整负荷电压,方式有投切电容器、调整主变分接头等。

遥测越限的处理方式如下:

(1)监控系统中对电压、电流、温度等遥测值超出报警上下限区间时应能产生信号予以告警,当遥测值恢复到恢复值区间时,应能产生信号示意报警解除。

(2)对由于在临界值波动而容易频报越限信号的CT(电流)遥测量,宜采用延时方法对频报信号进行屏蔽。当遥测值达到越限值后,5 s 内又下降到返回值以下时,将越限信号屏蔽,若延时 5 s 后越限值仍未下降到返回值,则将越限信号报出。

(3)监控系统中电流越限值应以本局相关部门发布的最新载流量表为标准,报警值设置为低于载流量5%,返回值低于报警值5%。

(5)监控系统中主变压器温度的遥测值,油温上限设定为 75℃,绕组温度上限设定为 80℃。

5. 对重载线路和变电站加强巡视力度

(1)监控系统中各电压等级的线电压以及 35 kV、10 kV 的相电压上下限由调控中心根据上级考核要求负责制定,如有变动应经过调控中心分管领导批准。

（2）对重要负荷或者有保电要求的特殊单元的遥测越限值可根据实际情况进行调整。调整时由调度控制中心提出，经调度中心领导批准后由调度自动化班执行。

（3）对重载线路和变电站加强巡视力度，科学安排并及时调整电网运行方式；加强电网风险管控，最大限度降低电网运行风险。

6. 其他

严格发电机组运行管理提前组织各水电厂做好蓄水工作，及时调整水电机组开机方式。

三、案例分析

凌晨 1:30，监控后台上报告警信息："××站××线断路器 SF_6 压力低报警"，由于当时集中监控系统 AVC 动作信号较多，所以该信号未被及时发现。3:50，该断路器上报"SF_6 压力低闭锁开关分合闸"，开关无法分闸，存在越级跳闸风险，需停电处理。调度随后安排倒空 110 kV I 母线，将这条线路停电隔离。倒母线期间存在全所失压风险。5:18，隔离×线断路器。8:02，恢复正常运行方式。那么暴露的问题是什么？

暴露的问题：在上报告警信息后监控人员未能及时发现该信号，错失带电处理的时机，最后导致开关分合闸闭锁。

对策：晚间加强值班力量，调大音响声音；凌晨增加中间巡视密度。

四、监控员的岗位职责

1. 运行监视主要有图形、音响、文字及灯光

（1）图像监视：监控员可以通过查看图形，掌握系统运行工况，如潮流分布、设备状态、电能质量等。图形报警方式有画面闪烁、变色、自动弹出事故跳闸画面，使监控人员更直观地发现设备及系统出现的异常情况。

（2）音响监视：音响提示是运行监控最有效的手段，它能随时告知监控人员系统运行工况发生的具体变化，语音报警能够引起监控人员重视，及时查看监控系统其他文字、图形报警，准确判断设备及系统运行情况，正确处理异常事故。

（3）文字监视：通过不同的报警信息窗口，以文字形式列出报警时间、报警类

型、报警内容等信息;详细记录了设备发生状态改变及发生故障额准确时间,保护自动化动作元件及动作先后顺序。

(4)灯光监视:包括监控机上的信息灯和光字牌;信号灯能够提示监考员,目前由哪一类报警信息上传,或者哪一类信息没有确认复归。光字牌能够直观看到具体信息内容,以及在变电站及设备间隔,从光字牌颜色可以看到具体信息内容,以及在变电站及设备间隔,从光字牌颜色可以看到信息按重要性属于几类信息,监控员能够迅速判断信息重要性以及对设备和电网系统的影响程度。

2. 倒闸操作

常规倒闸操作模式下,等待时间长,操作人员往返设备区,确认设备状态和回复令,存在耗时多、效率低等问题,造成检修有效作业时间无法保证,恢复送电多在夜间进行,存在安全隐患,优质服务难以得到保证。在宁夏调控主站 D5000 系统新增一键顺控功能,一键顺控后,变电站通过专线网络方式部署调控系统的延伸工作站,一键顺控所涉用户(含调控和变电站运行人员)可以在调控中心或者变电站,对一次设备采用一键顺控方式完成停送电操作。

3. 一键顺控操作实现流程

(1)调度员通过调度指令票应用拟写调度顺控预令票,审核通过后发布调度顺控预令。

(2)监控员或运行人员通过顺控操作系统收到相应调度顺控预令,利用顺控操作系统的自动成票功能,自动生成相应的顺控操作票。

(3)监控员或运行人员接到调度员下达顺控操作的正式调度指令后,在审核通过的顺控操作票点击"一键顺控",调用顺控服务,执行顺控操作。

(4)顺控服务按照顺控操作票步骤顺序逐项执行,操作前调用防误校核,校核通过后向变电站远动装置下发顺控命令,并自动完成相应遥测、遥信的正确性检查。

(5)监控员或运行人员可通过顺控执行、顺控暂停、顺控继续、顺控终止等流程操作命令进行人工干预。

4. 监控异常信号的处理

(1)设备正常运行时,发出异常,电网监控员应立即通知运行所值班长,运行所应立即到现场检查、核实。

（2）在设备的异常、缺陷处理过程中,严格按照相关制度执行,主设备由现场运行单位启动缺陷流程。监控人员应对异常处理的过程和结果进行记录,做好异常处理的分析以及总结。

（3）对无法或不适合纳入缺陷流程管理的设备缺陷,监控人员应及时通过邮件将缺陷情况告知相关责任部门,做好相关处理过程结果的记录。

5. 设备异常信号的处理

（1）电网监控员发现被控站有异常信号、遥测遥信数据中断、遥测数据不刷新或误差较大、遥控操作超时或失败等异常时,应根据监控机异常信息迅速判别异常情况,包括异常对于电网、设备安全运行的威胁、潜在的威胁以及是否需要通知运行所到现场检查、汇报调度值班长等。

（2）运行所接到调控中心监控员的异常检通知后,应尽快到现场检查异常设备,检查异常设备前应做好安全措施和危险点分析。

（3）对电网、设备的异常和缺陷,运行所应将现场检查处理结果通知调度控制中心监控员,双方做好记录,由运行所启动设备缺陷处理流程。对于影响电网监控的设备缺陷,电网监控员可通知运行所该缺陷信号的分类级别,运行所应根据信号分类级别对应的缺陷等级进行缺陷填报。在接到运行所报该缺陷消除的通知后,电网监控员应先在设备缺陷流程审核缺陷、并与运行所人员核对站内信号后,再将设备监控职责转回调控中心,过程调控中心应做好相关记录。

（4）对于因缺陷不断报出并无法及时得到处理的信号,监控值班员可将对应信号装置检修或通知调度自动化将信号屏蔽,防止其干扰正常监控。对屏蔽的信号应在值班日志做好记录,在交接班时应专项交接。一旦确认相关缺陷处理完毕,应立即将对应信号的屏蔽解除,恢复正常监控状态。

6. 事故异常的处理

（1）仔细核对监控系统中告警时间、设备状态、运行方式、保护及自动装置动作情况等,并与现场确认。

（2）在未能及时全面了解情况前,应先简要了解事故或异常发生的情况,及时做好应对措施和对系统影响的初步分析。事故处理时应进一步全面了解事故或异常情况,核对相关信息。

(3)根据已掌握的信息和分析,按事故处理原则进行事故处理。

7. 事故状态下信号的处理

(1)事故发生时,调控中心各职人员应以沉着冷静、迅速准确的原则处理事故。事故处理中应严格执行相关规章制度,调控中心各职人员应在值班长的指挥下进行事故处理。

(2)事故处理后,应在值班长的组织下填写各种记录,视情况做好事故的分析以及总结。

8. 故障信号的处理

(1)监控员首先应根据监控事故信息迅速判别故障情况,包括故障站名、开关变位、故障所涉及的调度范围等,并将上述情况立即上报值班长并通知相关运维站值班长。

(2)监控员应通过事项浏览器迅速将导致跳闸的保护动作情况进行查看,一方面向值班长汇报,另一方面与运维站检查核对的保护动作情况进行确认。通过保护动作情况,监控人员应初步分析故障对站内设备以及运行方式可能产生的影响。

(3)在检查了事故信息之后,监控人员应对事故中产生的各种异常信号进行分析,特别是应针对事故中动作后未复归的信号查找原因,避免因遗漏异常而扩大事故。

(4)在执行事故处理方案期间,监控员应在调度值长的安排下密切监视故障发展和电网运行情况。紧急情况下,可由调度员直接向电网监控员下达故障隔离、方式调整等开关操作指令,并通知相关调度机构。

(5)紧急故障隔离、方式调整等操作结束后,由调控中心调度员应通知运维人员立即前往事故现场检查,并与其核对目前电网、设备、故障隔离情况和运行方式,运行人员到现场检查后应将检查情况汇报给调度员,调度员应立即将现场情况通知监控员。

（6）监控员在故障处理过程，还应加强电网其他厂站运行情况的监视。

（7）事故处理完毕后，调控中心监控员应与运行所现场人员核对相关信号、确认已复归并填写有关记录，运行所值班员方能离开现场。随时掌握事故处理进程及电网运行方式变化。

9. 电压监视

（1）监控人员应经常监视所控各站各级电压处在电压、力率指标上下限范围内运行。

（2）正常情况下应由电压无功综合控制装置自动完成电压无功的相关调整；因故退出装置或装置异常时，应进行人工调整操作。

（3）定期对 AVC 运行工况进行检查，加强电压监视，若发现电压非正常越限及时通知相关人员处理。电压调整时，应监视 AVC 系统运行情况，发现异常情况时应执行遥控投切电容器、电抗器进行电压调整，并及时通知相关人员处理。对于 AVC 没有覆盖的厂站，应严格按照规定的电压曲线及控制范围进行无功电压控制及时调节系统电压，如无调节手段，应立即向相应管辖调控汇报，同时加强监视。

第二节　电力调度的重要性

一、电网建设不断扩大，智能电网应运而生

目前，电网建设规模不断扩大，管理难度也大幅度提升，而智能电网的应用范围也在不断扩大，通过现代化高新技术，逐步实现电网的集成化、自动化发展，和传统电网相比，具有明显的优势，其安全稳定性与稳定性大幅度提升，一旦电网系统出现故障或者处于被干扰的情况下，能够有效保障正常供电；其次，智能电网还能够有效避免出现大规模停电的情况，保障人们的正常生产与生活。

二、智能电网在防范自然灾害以及极端气候发挥重要作用

随着智能化技术的不断更新与发展，其在防范自然灾害以及极端气候方面也发挥着重要的作用。智能电网可实时获取相关数据信息，并进行综合全面的分析与评估,这样也能够及时发现存在的安全隐患,并采取相应的应对措施。将事故发生率及影响降到最低。即使出现电力故障,检测维修的效率也大幅度提升,随着电力系统逐渐朝着多元化的方向发展,可对各项资源进行优化配置,从而尽可能地降低电网损耗,不断提升资源利用率。

三、案例分析

在 2014 年 4 月 9 日当值期间,银川电网迎来了第一场很大的春雨,经历去年整个冬天洗礼的电网设备也将面临着严峻的考验。经过一天的雨水冲刷,到晚上18:30 左右,监控端监控机 OPEN-3000 刷屏似的上报各个变电站的事故跳闸信息、接地告警信息,调度大厅急促的电话铃声此起彼伏,10 kV 线路跳闸一个接一个,记录都来不及。直到次日凌晨 06:00 跳闸处理告一段落。事故后统计当晚共跳2 台主变、3 条 110 kV 线路、33 条 10 kV 线路。自然灾害不能避免,我们只能将损失降到更低。而近几年的跳闸率相对比前几年少了很多。

四、电网信息共享,节省运维成本

电网信息的高度共享,使得电网管理逐渐朝着规范化、标准化的方向不断发展,从而有效节省运维成本。目前,智能电网正处于高速发展与完善的重要阶段,在电网运行过程中,调度监控系统是重要的基础保障,必须要不断提升调度监控的运行可靠性,其作为电力系统的核心,能够对各项运行数据信息进行实时监控,随着电网建设规模的不断扩大,电力设备也在不断增多,电网监控功能也逐渐趋于复杂化,对相关工作人员的综合能力也提出了更高的要求,必须要引起高度重视。

第三节　调控运行存在的问题

在电网设备运行中,不可避免地会出现各种各样的缺陷,需要我们对缺陷定性并做进一步处理,保证设备不能"带病"运行。

一、消缺验收

(1)值班监控员接到运维单位缺陷消除的报告后,应与运维单位核对监控信息,确认缺陷信息复归且相关异常情况恢复正常。

（2）值班监控员应及时在缺陷管理记录中填写验收情况并完成归档。

二、分层控制

随着计算机技术的快速发展，也使得调度监控的整体工作效率大幅度提升，电力系统自身相对复杂，目前主要采用分层控制的方式，针对各项环节的具体性质状况、复杂程度等信息数据，实现分层调度电力系统，从而不断提高电力调度的效率和质量。

第四节　具体改进措施

一、提升相关人员的专业素质

1. 熟知相关知识

电力调度监控系统作为重要的运行系统，其具有整体性的特点，因此，调度与监控工作必须是在整体环境条件下开展。所以，调度监控系统运行中的相关工作人员必须要全面熟悉和掌握整个系统及相关知识，从而最大程度上保障工作高效完成。

2. 采购书籍、学习借鉴

电力企业方面可以针对不同员工的自身情况，采购一些不同类型和水平的相关书籍，并发放给相关工作人员，让其学习和借鉴，查看其学习效果。

3. 邀请专业技术人员授课

安排具有丰富经验的专业技术人员定期讲解电力知识内容，从而保障相关工作的稳步开展。还需要加强监控人员与调度间的高度配合，电力部门要组织调度监控人员进入到实际工作环境当中，多加学习和了解。不断提高调度监控系统的整体可靠性与准确性。

二、强化电网升级与改造

电力调度监控是整个电力系统当中极为重要的核心部分，其承担着下达任务、接受维修请求，并且对整个电力区域的运行与服务状况进行优化管理与调控，并将数据结构及时反馈给相关部门的任务。为了保障各个环节工作的及时性与准确性,电力企业必须要对调控中心监控进行升级改造,从而保障监控位置的精准性,并强化调控屏幕的输出功能。使得调控运行状况更为清晰,这样也有助于不断提升调度监控系统的整体工作效率和质量,从而进一步提升调度监控运行的可靠性。

随着智能化技术的不断更新与发展,在防范自然灾害以及极端气候方面也发挥着重要的作用。智能电网可实时获取相关数据信息,并进行综合全面的分析与评估,这样也能够及时发现存在的安全隐患,并采取相应的应对措施,将事故发生率及影响降到最低。即使出现电力故障,检测维修的效率也大幅度提升,随着电力系统逐渐朝着多元化的方向发展,可对各项资源进行优化配置,从而尽可能地降低电网损耗,不断提升资源利用率。

三、完善相关制度体系

完善的制度体系是保障电力系统高效稳定运行的重要基础,因此,必须要制定完善的监督管理机制,从而不断提高调度监控的可靠性。可针对调控工作的特点,制定与完善相应的规章制度,在实际工作中做到有据可循,从而有效避免工作失误的情况,并将相关责任落实到每个环节,不断提升相关工作人员的责任感。其次,电力部门还应当制定相应的奖惩机制,只有员工的工作积极性提高了,才能够不断提高调度监控运行的可靠性,保障电力系统的安全稳定运行。

四、完善监控预警体系

为了有效减少预警实际响应时间,就一定要充分利用现代化技术手段,建立相应的监控预警体系,企业方面应当充分利用当前现有的信息数据,并对这些数据信息进行加工与整合,尽可能减少在监控过程中人为因素造成的影响,改善传统的人工监控,实现智能化监控,人为参与调度监控,很容易会出现责任划分不明确,或者遗漏相关信息等失误。在整个监控过程中应当最大程度上发挥信息共享作用,通过及时上传信息到网络中,实现信息数据共享,从而及时全面掌握不同节点的运行状况,这样有助于排除故障,对于紧急状况也能够第一时间予以处理。通过完善的制度体系,及时授权一线监控人员,对紧急故障能够及时快速地进行处理。

第五节　小结

　　电力调度监控运行的可靠性是保障电力系统安全稳定运行的重要基础,除了能够保障供电质量之外,还能够第一时间发现电力故障,并及时进行维修与处理,对电力行业的健康稳定发展有着重要的意义。

第十章　变电站综合自动化系统日常运维与安全防护

第一节　综合自动化系统基本概念

变电站自动化系统(以下简称综自系统)是以计算机技术为核心,利用微机技术重新组合与优化设计变电站二次设备的功能,将变电站的保护、仪表、中央信号、远动装置等二次设备管理的系统和功能重新分解、组合、互联、计算机化而形成,通过各种设备间相互信息交换、数据共享,完成对变电站自动监视、控制、测量与协调的一种综合性自动化系统。

变电站二次设备主要包括控制、测量、信号、保护、远动装置和自动装置。因此,变电站自动化是自动化技术、通信技术和计算机技术等技术在变电站领域的综合应用。变电站自动化可以收集到较为齐全的数据和信息,具有计算机的高速计算能力和判断功能,能够方便地监视和控制变电站内各种设备的运行及操作,实现运行管理的智能化。

一、发展历程

1. 常规变电站

常规变电站的二次系统主要包括继电保护屏、就地监控屏、远动装置、故障录波装置等部分,主要特点是各部分由不同的电磁型继电器组成。

2. 综自变电站

这种变电站利用先进的计算机技术、现代电子技术、通信技术和信息处理技术等对变电站二次设备的功能进行重新组合、优化设计,对变电站全部设备的运行情况进行监视、测量、控制和协调。通过变电站综合自动化系统内各设备间相互交换信息、共享数据,完成变电站运行监视和控制任务。

3. 数字变电站

采用数字化的一次设备,以变电站一、二次设备为数字化对象,以高速网络平台为基础,通过对数字化信息进行标准化,实现站内外信息共享和互操作,并以网络数据为基础,实现测量监视、控制保护、信息管理等自动化功能的变电站。

4. 智能变电站

智能变电站是采用先进、可靠、集成、低碳、环保的智能设备,以全站信息数字化、通信平台网络化、信息共享标准化为基本要求,自动完成信息采集、测量、控制、保护、计量和监测等基本功能,并可根据需要支持电网实时自动控制、智能调节、在线分析决策、协同互动等高级功能的变电站。

从综自变电站到智能变电站,都是为了实现变电站内所有设备信息通讯的网络化和标准化。但智能变电站在运行维护方面相对于常规综自变电站具有多种明显优势。

二、一次设备智能化

变电站的一次设备主要包括变压器、断路器、互感器、母线等。一次设备智能化是智能变电站的重要标志之一,它们采用标准的信息接口,实现融状态监测、测控保护、信息通信技术于一体,可满足整个智能电网电力流、信息流、业务流一体化的需求。

三、二次设备网络化

传统变电站功能由设备和回路共同确定。设备具备特定功能,且定义了外部的 I/O 接口,在变电站建设时通过电缆回路实现了变电站需要的各种功能,此后变电站生命周期内重要工作就围绕着这些设备和回路而展开;在智能变电站内,设备不再出现常规功能装置重复的 I/O 接口,而是通过网络直接实现数据共享、资源共享。

第二节　综合自动化系统网络架构

一、变电站综自系统网络架构

（1）变电站综自系统网络架构可分为集中式和分层分布式，其中分层分布式系统已成为变电站自动化技术发展的主流。

（2）智能变电站的网络架构智能变电站的三层是站控层、间隔层、过程层，两网是站控层网络和过程层网络。

（3）变电站综自系统的网络信息传输主要分为 3 个部分：遥信信息流传输、遥测信息流传输和遥控信息流传输。

二、集中式综自系统

自动化监控系统即各系统功能都以整个变电站为一个对象相对集中设计，而不是以变电站内部的电气元件或间隔为对象独立配置的方式。集中式结构并非指由一台计算机完成保护、监控等全部功能。多数集中式结构的微机保护、计算机监控和远动通信的功能由不同的计算机来完成。

三、分布式综自系统

通常，变电站计算机监控系统由站控层和间隔层两个基本部分组成。其中，站控层包括主机、操作员工作站、远动工作站、工程师工作站、GPS 对时装置及站控层网络设备等设备，形成全站监控、中心管理，能提供站内运行人机界面，实现间隔层设备的管理控制等功能，并可通过远动工作站和数据网与调度通信中心通信。

四、220 kV 变电站网络架构配置图

目前智能变电站采用三层两网、SV 直采、GOOSE 直跳、过程层 GOOSE 组网以及站控层 MMS 组网的模式。

（一）三层

智能变电站自动化系统站控层设备包括：监控主机、数据通信网关、数据服务器、综合应用服务器、操作员站、工程师工作站、PMU 数据集中器和计划管理

终端等。

间隔层设备包括继电保护装置、测控装置、故障录波装置、网络记录分析仪及稳控装置等。

过程层设备包括合并单元、智能终端、智能组件等。

（二）两网

变电站网络在逻辑上可分为站控层网络、间隔层网络、过程层网络。全站通信采用高速工业以太网组成。

站控层网络是间隔层设备和站控层设备之间的网络，实现站控层内部以及站控层和间隔层之间的数据传输。

过程层网络是间隔层设备和过程层设备之间的网络，实现间隔层设备和过程层设备之间的数据传输。

间隔层设备之间的通讯，在物理上可以映射到站控层网络，也可以映射到过程层网络。

五、220 kV 变电站控层网络架构配置图

（一）站控层网络

站控层网络设备包括站控层中心交换机和间隔交换机。站控层中心交换机连接数据通信网关机、监控主机、综合应用服务器、数据服务器等设备间隔交换机连接间隔内的保护、测控和其他智能电子设备。间隔交换机与中心交换机通过光纤连成同一物理网络。之前提到过，站控层和间隔层之间的网络通信协议采用MMS，故也称为 MMS 网。网络可通过划分 VLAN（虚拟局域网）分割成不同的逻辑网段，也就是不同的通道。

（二）过程层网络

过程层网络包括 GOOSE 网和 SV 网。

GOOSE 网用于间隔层和过程层设备之间的状态与控制数据交换。GOOSE 网一般按电压等级配置，220 kV 以上电压等级采用双网，保护装置与本间隔的智能终端之间采用 GOOSE 点对点通信方式。

SV 网用于间隔层和过程层设备之间的采样值传输，保护装置与本间隔的合并单元之间也采用点对点的方式接入 SV 数据。也就是我们常说的"直采直跳"。

六、变电站综自系统业务信息流

变电站综自系统业务信息传输主要分为 3 个部分：变电站综自系统遥信信息流的传输、变电站综自系统遥测信息流的传输、变电站综自系统遥控信息流的传输。

七、遥信类信息流传输分类

（1）智能终端、合并单元将采集到的开关/刀闸位置及一、二次设备异常告警信息通过过程层 GOOSE 组网发送给测控装置。

（2）测控装置将采集到的遥信信息通过站控层 MMS 网络发送给监控主机及I区数据通信网关机。

（3）保护装置和测控装置将采集的遥信信息通过站控层 MMS 网上传至监控后台和I区数据通信网关机，并由I区数据通信网关机经调度数据网上送至调控中心。

八、遥测类信息流传输分类

（1）合并单元采集电流、电压量，通过过程层 SV 网传送给测控装置。

（2）智能终端采集一次设备温湿度，通过过程层 GOOSE 网传送给测控装置。

（3）测控装置将采集的遥测信息通过站控层 MMS 网上传至监控后台和I区数据通信网关机，并由I区数据通信网关机经调度数据网上送至调控中心。

九、遥控类信息流传输

（1）红色数据流代表下发遥控预置和执行，可从后台监控和调控中心下发控制命令。

（2）蓝色数据流代表遥控预置反校验信息，一般在预置校验过程中由测控装置发送给后台监控和I区数据通信网关机。

（3）黄色数据流代表开关设备变位后的遥信上送途径。

（4）紫色数据流代表调控中心下发的顺控操作票，在监控主机转化为单一控制指令逐步下发执行。

（5）绿色数据流代表测控装置间联络信号为联闭锁信号，现场实际使用中一般不进行配置。

变电站综自系统遥控信息流传输的主要设备包括后台操作站、调控前置机、I区数据通信网关、站控层交换机、测控、过程层交换机、智能终端。

十、遥控类信息流传输分类

(1)调控主站使用IEC60870-5-104规约向变电站内I区数据通信网关机下发遥控指令,I区数据通信网关机在收到遥控指令后,通过站控层MMS将遥控指令发送给测控装置,测控装置对接收到的遥控指令进行反校验,在校验成功后,通过过程层GOOSE网将遥控指令下发给智能终端。

(2)监控后台机通过站控层MMS将遥控指令发送给测控装置,测控装置对接收到的遥控指令进行反校验,在校验成功后,通过过程层GOOSE网将遥控指令下发给智能终端。

(3)测控装置在收到I区数据通信网关机或监控后台机下发的遥控指令后,进行校验与反校验,在校验成功后,通过过程层GOOSE网向智能终端下发遥控指令。

(4)智能终端在收到测控装置的遥控指令后,通过二次回路对断路器、刀闸进行分、合闸遥控,并将遥控结果反馈至测控装置。

第三节 综合自动化系统日常维护

近几年社会经济不断发展,不仅影响了变电站的建设,而且推动了科技的进步。科学技术是第一生产力,在变电站的建设中,相关企业引入了自动化系统。自动化技术的广泛应用,增加了变电站的安全性,保证了电网运行的安全可靠,确保电路的稳定,满足了人们的用电需求,提供了更好的服务。然而,自动化系统在运行过程中也存在了一些弊端,相关的设备经常出现故障。

一、加强日常检修

综自系统在运行时,会受到外界相关部分因素带来的影响,这就会导致自动化装置在运行时极易出现各种事故问题,因此电力企业工作人员应该对其装置的日常检修进行加强，这样做能够在一定程度上促进电力系统运行时的可靠性，有效地降低装置日常出现故障的概率。另外，相关工作人员应该要加强日常维护和检查，不断地对二次回路进行接线以及自动装置的合理检查。

二、规范日常管理

相关的维护人员在进行日常管理的时候要对各项数据和信息详细地记录，以便及时地发现系统中的故障。并且每次发现异常或缺陷的时候，都要针对工作人员检查巡视工作不到位的情况，相关的负责部门要对变电站综合自动化系统的日常管理进行相应的规范，并从制度上出发予以约束，以严格的管理制度，由责任人定期就相关设备进行巡检，及时发现设备存在的安全隐患、故障，分析异常或缺陷情况出现的原因，并且结合故障信息专家系统对异常或缺陷情况有效地进行处理，在解决之后要对异常或缺陷情况出现的原因以及解决的方法和措施详细地记录，可以起到备份的作用，从而为以后的日常维护工作提供便利和经验。

三、完善状态检修

对于变电二次设备而言，其工作状态对于自动化装置的稳定性存在着较为重要的作用，所以对于电力企业的工作人员来说，必须要持续地对变电站的二次设备进行有效的检测，并且还需要对检测结果作出更加详细以及科学的记录，这样可以更好地为后期的工作提供完善的信息和数据作为支撑。此外，工作人员还需要对继电保护装置的屏蔽接地系统以及通信系统等作出科学的检测，这样做能够利于日后工作对系统的运行状况进行实时掌握。

四、加强人员素质

作为一名变电站综自系统运行维护工作人员，自身应该具有相对较高的综合水平和工作能力，对运行维护工作的相关技术进行充分掌握，同时积极接受高新技术及新装备等各种培训，只有这样才能更快地掌握新技术和新设备的应用方法、应用技巧，只有这样才能在促进检修工作效率的基础上，还能加强其质量。因此电力企业应该要制定切实可行的策略，对运行维护人员要积极培养，不断地引进技术水平高的人才，另外也需要检修人员可以更加熟练地掌握以及应用故障分析以及状态检测的技术方法，才可以更加全面地提高运行维护的整体质量，这样做才能促进电力实现快速稳定发展。

五、科学利用新技术

在电力系统中,自动化装置在运行维护工作开展的过程中,不仅需要较高的技术性,而且需要较高的专业性。所以电力企业应该科学有效地运用科学技术,只有这样才能促进自动化装置在运维工作过程中的效率,一是能够加强其运行维护时的准确性,同时还能促进其精度;二是能够对其运行的实际参数进行第一时间掌握,如果存在问题工作人员便能第一时间采取措施进行合理应对。另外,相关一系列的检测技术和先进的方法等都能促进运行维护过程中的效率,在对运行维护成本进行降低的基础上,还能使电力企业实现长期稳定发展。

第四节　综合自动化系统安全防护

党的十八大以来,以习近平同志为核心的党中央坚持从发展中国特色社会主义、实现中华民族伟大复兴中国梦的战略高度,系统部署和全面推进网络安全和信息化工作。我国互联网发展和治理不断开创新局面,网络空间日渐清朗,信息化成果惠及亿万群众,网络安全保障能力不断增强,网络空间命运共同体主张获得国际社会广泛认同。习近平总书记在谈到网络安全时指出,网络安全和信息化是事关国家安全和国家发展、事关广大人民群众工作生活的重大战略问题,要从国际国内大势出发,总体布局,统筹各方,创新发展,努力把我国建设成为网络强国!

一、电力安全防护基本原则——"十六字方针"

电力监控系统安全防护的总体原则为"安全分区,网络专用,横向隔离,纵向认证"。安全防护主要针对电力监控系统,即用于监视和控制电力生产及供应过程的,基于计算机及网络技术的业务系统及智能设备,以及作为基础支撑的通信及数据网络等。重点强化边界防护,同时加强内部的物理、网络、主机、应用和数据安全,加强安全管理制度、机构、人员、系统建设、系统运维的管理,提高系统整体的安全防护能力,保证电力监控系统及重要数据的安全。

二、生产控制大区内部安全防护要求

生产控制大区根据业务系统或其功能模块划分为控制区和非控制区,我们对生产控制大区内部的安全防护提出如下 6 点要求:

(1)生产控制大区重要业务(如 SCADA、AGC、AVC、I 区数据通信网关机业务等)的远程通信应当采用加密认证机制。

(2)生产控制大区内的业务系统间应该采取 VLAN 和访问控制等安全措施,限制系统间的直接互通。

(3)禁止生产控制大区内部的 E-Mail 服务,禁止控制区内通用的 WEB 服务。

(4)生产控制大区边界上可以采用入侵检测措施。

(5)生产控制大区内主站端和重要的厂站端应该统一部署恶意代码防护系统,采取防范恶意代码措施。

(6)生产控制大区的服务器和用户端均应当使用经国家指定部门认证的安全加固的操作系统,并采取加密、认证和访问控制等安全防护措施。

三、管理信息大区内部安全防护要求

管理信息大区是指生产控制大区以外的电力企业管理业务系统的集合。管理信息大区的传统典型业务系统包括调度生产管理系统、行政电话网管系统、电力企业数据网等。管理信息大区内部安全防护的具体要求为应当统一部署防火墙、IDS、恶意代码防护系统及桌面终端控制系统等通用安全防护设施。

四、安全防护措施——通用防护措施

变电站综自系统通用安全防护措施主要包括以下 4 个方面。

(1)物理安全:电力监控系统机房所处建筑应当采取有效防水、防潮、防火、防静电、防雷击、防盗窃、防破坏措施,应当配置电子门禁系统以加强物理访问控制,必要时应当安排专人值守,应当对关键区域实施电磁屏蔽。

(2)主机加固:生产控制大区主机操作系统应当进行安全加固,加固方式包括安全配置、安全补丁、采用专用软件强化操作系统访问控制能力以及配置安全的应用程序。关键控制系统软件升级、补丁安装前要请专业技术机构进行安全评估验证。

（3）逻辑隔离：控制区与非控制区之间应采用逻辑隔离措施，实现 2 个区域的逻辑隔离、报文过滤、访问控制等功能，其访问控制规则应当正确有效。生产控制大区应当选用安全可靠硬件防火墙，其功能、性能、电磁性必须经过国家相关部门的检测认证。

（4）内网监视：生产控制大区应当逐步推广内网安全监视功能，实时监测电力电控系统的计算机、网络及安全设备运行状态，及时发现非法外联、外部入侵等安全事件并告警。

五、安全防护措施——安全管理措施

通用安全管理措施主要包括以下 4 个方面。

（1）安全分级负责制：电力企业应当按照"谁主管谁负责，谁运营谁负责"的原则，建立电力监控系统安全管理制度，将电力监控系统安全防护及其信息报送纳入日常安全生产管理体系，各电力企业负责所辖范围内电力监控系统的安全管理。

（2）日常安全管理：电力企业应当建立电力监控系统安全管理制度，对关键安全设备、服务器的日志进行统一管理，及时发现安全管理体系中存在的安全隐患和异常访问行为。同时应特别加强内部人员的保密教育、录用离岗等管理。

（3）设备选型及漏洞整改：电力监控系统在设备选型及配置时，应当禁止选用经国家相关管理部门检测认定并经国家能源局通报存在漏洞和风险的系统及设备；对于已经投入运行的系统及设备，应当按照国家能源局及其派出机构的要求及时进行整改，同时应当加强相关系统及设备的运行管理和安全防护。

（4）系统的接入管理：接入电力调度数据网的节点、设备和应用系统，其接入技术方案和安全防护措施必须经直接负责的电力调度机构同意。

第十一章 就地化保护的前世今生

第一节 就地化保护发展背景及特点

就地化保护是指以各种类型的自然保护区包括风景名胜区的方式,对有价值的自然生态系统和野生生物及其栖息地予以保护,以保持生态系统内生物的繁衍与进化,维持系统内的物质能量流动与生态过程。建立自然保护区和各种类型的风景名胜是实现这种保护目标的重要措施。

一、动作时间

1. 常规站保护

保护动作时间 30 ms,开关本体动作时间 50 ms,整组动作时间 80 ms。

2. 智能站保护

合并单元采样时间 2 ms,智能终端动作时间 7 ms,保护动作时间 30 ms,开关本体动作时间 50 ms,整组动作时间为 89 ms。

3. 就地化保护

保护动作 7 ms,开关本体动作时间 50 ms,整组动作时间 57 ms。

二、发展就地化保护的原因

1. 其他保护可靠性差

(1)合并单元和智能终端的应用增加了回路的复杂程度。

(2)大量长距离光缆的应用降低了继电保护系统的可靠性。

2. 其他保护维护量大

(1)需要维护的设备较多。

（2）各厂家外部接口不一致，配置文件不同，更换难度大。

3. 其他保护动作太慢

（1）采样及跳闸信号经过的环节太多，传输延时较大，整组动作时间较长。

（2）保护装置自身动作较慢。

就地化系列保护装置通过技术创新和优化设计，能够适应各类严寒、高温、高海拔、高潮湿和盐雾环境的要求。

220 kV 线路保护产品已在全国 7 个站点挂网，所有装置运行至今无任何异常，运行状况良好，全系列就地化保护也将分别在浙江温州和浙江湖州 2 个站点挂网运行。

就地化保护是对现有智能变电站保护的总结提升，面向电力用户实际需求，保护装置性能全面提升、运行可靠、运维便捷。

2009 年，公司提出"独立分散"、"就地安装"等技术发展方向和基本原则。

2013 年，就地化保护在浙江湖州 220 kV 就地化挂网试运行。

2016 年完成 9 项就地化线路保护技术标准的编制，选取严寒、高温、高海拔、烟雾等具有代表性的 7 个地区，开展挂网试运行工作，截至目前，进展顺利。

2017 年，在黑龙江漠河变进行了零下 40 度极端低温条件下现场试验，验证了恶劣环境下就地化保护的技术性能和动作可靠性。

2018 年国网计划完成 29 个 110 kV 站、29 个 220 kV 站以及 8 个 500 kV 站就地化挂网试运行。

三、就地化保护与智能变电站保护的区别

智能变电站：三层两网，网络结构复杂；需要下装大量配置文件；可靠性低、速动性低；更换复杂。

就地化保护：保护专网，网络结构简单；免配置文件，保护功能不受 SCD 文件影响；就地安装，避免传输延时，快速动作；即插即用。

四、就地化保护的特点

就地化保护是一种具有防水、防潮、防腐蚀能力的可贴近一次设备安装的新型数字化保护装置，其二次回路简单，电缆耗费少，跳闸时间短以及即插即用易于维护等优点使之成为下一代智能变电站的重要发展方向。

五、就地化保护的优势

（1）保护就地化：通过提高装置自身防护等级和抗干扰能力，贴近一次设备就地安装，直采直跳，减少电缆长度及中间环节，提升继电保护的速动性和可靠性，促进一次设备智能化及一、二次设备融合。

（2）接口标准化：采用标准航空插头，实现保护装置的工厂化调试、模块化安装和更换式检修，减少二次设备安装、调试和检修时间，提升工作质量和效率，减少停电时间。

（3）保护专网化：元件保护由多台子机配合完成，各子机分散采集数据，通过内部专网传输信息。

（4）信息共享化：元件保护由多台子机配合完成，各子机分散采集数据，通过内部专网传输信息。

第二节　就地化保护的主要构成及关键技术的运用

一、就地化保护的构成

（一）就地化保护接口方式

（1）标准化：接口标准化设计，实现快速、可靠插接，不同厂家装置可实现互换，现场作业时间短，操作简单方便。

（2）高防护：高防护等级设计，采用特殊工艺处理，满足防水、防尘等具体要求。

（3）防误插拔：不同色带和卡钉防误设计，防误插拔。电源、开入航空头采用绿色色带，预制光缆采用蓝色色带等，通过色带颜色区分功能。

（二）结构和外观

电源+开入开出航空插头、开出航空插头、通信航空插头（通信接口）、电流+电压航空插头（交流电流电压接口）、电流航空插头（交流电流电压接口）。

接口1（电源开入接口），共7根电缆纤芯，包括直流电源，2组跳位继电器和合后继电器。

接口 2(开出量接口),共 17 根电缆纤芯,包括 2 组分相跳闸出口,2 组合闸出口,以及装置故障、装置异常信号。

接口 3(通信接口),共 16 根纤芯光缆,其中 1、2 纤为对时,3~6 纤为 MMS 及过程层网络,7~14 为保护环网,15、16 为通信调试口。

接口 4(模拟量接口),包括 1 组电压、2 组电流。

(三)就地化保护安装方式

采用无防护就地化保护可取消户外柜式空调、温湿度控制器等辅助设备,减少交换机的使用,降低该类设备的运行维护成本。同时相比于传统站保护,就地化保护装置安装在一次设备旁,单根电缆长度可由原主控室至开关场的上百米缩短至 10 m,大幅减少保护屏柜数量以及保护室面积,而相比于智能站保护,就地化保护集成了合并单元与智能终端,本间隔采用电缆直采直跳,因此大量减少了光缆数量。

(四)防护等级的实现

(1)外壳:采用新型一体成型工艺和先进表面处理技术,满足机械强度、散热和防腐蚀性能。

(2)接口:采用 IP67 防护等级的标准连接器,解决防水、防尘等问题。

(3)电路:选用高强度 PCB 面板并采用点胶加固工艺等手段进行加固。

(五)机械要求

(1)就地化装置可承受不大于 GB/T11287 规定的严酷等级为 2 级的振动以及 GB/T14537 规定的严酷等级为 2 级的冲击和碰撞。

(2)就地化装置可承受 GB/T7251.5-2008 规定试验条件和方法下的锤击试验;装置经锤击试验后防护等级应仍为 IP67。

(3)就地化装置可承受 GB/T2423.8-1995 规定试验条件和方法下的跌落试验。

(六)防护设计

硬件设计满足 IP67 防护等级、电磁兼容的最高标准以及-40~70℃环境温度的运行要求,确保极端气候和恶劣电磁干扰环境下保护装置的安全。

（七）小型气象站的作用

（1）实时监测风速、风向、空气湿度、温度、光照强度、大气压力等多个气象参数。

（2）与智能管理单元进行通讯，将采集到的气象数据进行定时存储，每月形成报表，以供进行就地化保护运行环境分析。

（3）可靠运行于各种恶劣环境，低功耗、高稳定性、高精度采集。

二、就地化保护关键技术

（一）就地化保护的整站组网方式

智能变电站中合并单元、智能终端等二次设备导致系统可靠性降低，保护动作时间延长等问题。随着就地化保护装置在新一代智能变电站中的推广应用，上述问题可以得到有效解决，但传统运维检修模式也将面临全新的挑战。针对现阶段智能变电站运检模式中存在的不足，充分应用就地化保护装置接口标准统一。体积小易更换和保护专网信息集中上送的特点，提出了集中式设备信息查看，智能化故障诊断与状态评估的全新运维模式和"工厂化智能调试+更换式快速检修"的全新检修方案，为未来就地化保护技术的进一步推广应用提供参考。

保护专网实际就是装置三网合一，往外发送 MMS、GOOSE、SV 的报文，采用百兆光口，保护专网 1 和保护专网 2 相当于现行变电站的站控层 A、B 网。

保护环网针对的是分布式子机就地化保护如母差和主变，由各子机在通过子机编号来实现各装置的相应交流及开入开出。采用千兆光纤口，通过环网实现各交流数据、定值、软压板和参数等共享。

（二）保护专网说明

（1）保护专网为保护装置 SV、GOOSE 和 MMS 报文传输的专用网络，采用 A、B 双网冗余架构。对于双重化配置的保护，为了确保 2 套保护的独立性，也是为了降低网络负荷，A 套保护与 B 套保护分别组网；对于单套配置的保护，则统一接入 A 套保护专网。考虑到 A、B 套保护之间存在数据交互，A、B 网之间设置网络隔离。

（2）就地化保护装置，包括元件保护的每个子机，均接入保护专网。智能管理单元集中管理全站保护设备，采用双重合化配置，每套智能管理单元均接入 A、B

套保护专网(A 套 A 网、A 套 B 网、B 套 A 网、B 套 B 网),从而实现通过单套智能管理单元可以管理整站保护设备的目标。作为保护与变电站监控的接口,智能管理单元负责归并元件保护各子机的信息,并采用标准通信协议接入站控层 MMS 网络。

(3)对于 10~35 kV 保护测控一体装置,需要同时接入站控层 MMS 网和保护专网,考虑到目前装置接口数量有限,保侧一体装置采用单网模式,即分别接入 MMS 的 A 网和保护专网 A 网;如果要求所有保护装置均接入双网,则需要保测一体装置提供 4 个组网接口。

(4)冗余:该网络通过双向冗余环传输,确保报文可靠送达。例如节点 1 是源节点,节点 5 是目的节点,报文通过 2 条冗余路径传输,目的节点接收先到的报文,丢弃后到的报文。

(5)无缝:所谓无缝,比如有一条路径中断,报文不会丢失,以 0 丢包从正常态切换至故障态。正是冗余和无缝,才保证了 HSR 的高可靠性。

(6)安全:源节点不转发自身报文,避免了网络风暴。保护子机的启动 CPU 和保护 CPU 分别接入一个双向冗余环。使启动 CPU 和保护 CPU 在模拟量(开关量)的采集、传输、运算处理都能做到物理独立,从而保证除出口继电器外任一元器件损坏保护不误动。

(三)保护 HSR 环网举例

对于就地化的母线保护、主变保护,保护核与启动核分别接入环网 1 与环网 2,发送本子机的模拟量与开关量,传输同时接收其他自己发送过来的实时量,对于接入环 1 的保护核,传输 AD1 的模拟量数据,接入环 2 的启动核,传输 AD2 的模拟量数据。一旦三侧子机全部投入运行,有一侧子机挂了,其他子机会通过环网数据传输来闭锁保护逻辑。

(四)就地化保护线路保护介绍

(1)每套线路保护均具有完整的主后备保护功能,2 套保护相互独立。

(2)线路保护采用电缆直接采样、直接跳闸,通过 GOOSE 网发布本装置的跳闸信号及其他状态信号,通过 GOOSE 网订阅其他保护或控制设备的相关信号。

（3）220 kV 线路保护具备 SV 和 GOOSE 及 MMS 共口输出功能，组成保护专网、供站域等其他保护使用，采样率为 4 kHz。保护专网分为 A/B 网、A 套保护接 A 网、B 套保护接 B 网、A/B 网之间通过专用隔离装置进行隔离。

（4）每回 220 kV 线路按间隔配置两套操作箱，完成对本间隔断路器的跳合闸控制功能，安装于本间隔就地端子柜中。本间隔就地控制柜内设置跳合闸出口硬压板。

（五）就地化保护线路保护介绍

（1）就地化主变保护由分布式子机构成，均就地安装。

（2）子机完成本间隔模拟量采集、开关量采集及保护出口。子机采集模拟量后和开关量通过 HSR 环网共享。

（3）采用无主模式，各子机完成本间隔模拟量、开关量采集，通过环网通信进行信息交互，各个子机应下装相同的定值，独自完成全部保护功能，根据自身运行结果决定是否跳本子机对应开关及对外发送跨间隔 GOOSE 信号。

（4）主变保护子机按侧配置，对于没有断路器的模拟量，如"公共绕组"等单独设置本体子机，主机功能集成在本体子机中。

（六）就地化保护主变保护介绍

（1）装置电源为 110 kV 和 220 kV 自适应。其实，对于变压器保护本身而言，可以不需要任何硬开入，因为失灵联跳开入为 GOOSE 开入。之所以配置这些断路器位置开入，主要是给站域保护用。

（2）保护功能内部还是三相跳闸，但是为了提高动作速度，避免分相机构需要继电器重动，所以每个子机都提供的是分相跳闸接点，如果是三相联动机构，则可以仅接一付跳闸接点。

（3）每个子机都接 B 码对时，主要用于 SV 发送数据的同步性，环网是不依赖对时的。子机提供 2 个百兆三网合一口，分别接入 A 网和 B 网。

（4）模拟量最大为 8 电流、4 电压。8 个电流主要是两个开关的三相电流，同时还有零序、间隙电流。电压就是三相电压加零序电压。如果装置内部 AC 模件做成 8 电流、4 电压，则装置尺寸过大，目前只有南京南瑞继保电气有限公司做得下，所以通常分成了 2 种 AC 模件:6 电流 4 电压和 8 电流。6 电流 4 电压的 AC 模件用在开关子机上,8 电流的 AC 模件用在本体子机上。

(七)就地化保护母线保护介绍

(1)母线保护采用积木式可扩展设计,就地安装,电缆直接采样,直接跳闸。

(2)各子机通过元件专用环网交互电压电流和开关量信息,子机完成保护功能,独立运算、独立出口,实现保护功能冗余配置。

(3)每台子机负责 8 个间隔的模拟量和开关量的采集和对应间隔的分相跳闸出口,并完成保护逻辑功能以及与其他设备的接口功能。

(4)同一套装置的各个子机硬件相同,可互换;每台子机均具备完整的母线保护功能;差动电流为 2 倍整定值的情况下,装置整组动作时间应不大于 20 ms,整组返回时间不超过 30 ms。

(八)就地化测控装置介绍

(1)就地化测控遵循和就地化保护相同的配置原则,即按间隔配置。

(2)就地化测控装置机箱做就地化无防护设计,与就地化保护装置一同安装于一次设备旁。与就地化保护装置共用就地化操作箱。

(3)集成合并单元、智能终端功能,发 SV+GOOSE 报文至过程层网络,与保护专网隔离。

(九)就地化保护管理机介绍

由于就地化保护装置为提升自身防护能力,取消了原有的液晶与按键,仅保留了"运行"、"异常"、"动作"指示灯,因此对于装置的设置操作和信息查看需通过智能管理单元实现。就地化保护智能管理单元实现变电站内就地化保护装置的界面集中展示、配置管理、备份管理、保护设备在线监视与诊断功能。作为变电站的集中式人机接口设备,智能管理单元能够同时管理站内不同厂家、不同型号的继电保护装置。结合二次设备状态监测、虚回路可视化及配置文件管控,提高设备全生命周期管理质量、确保系统稳定安全运行。就地化保护装置,包括元件保护的每个子机,均接入保护专网。智能管理单元集中管理全站保护设备,采用双重合化配置,每套智能管理单元均接入 A、B 套保护专网(A 套 A 网、A 套 B 网、B 套 A 网、B

套 B 网），从而实现通过单套智能管理单元可以管理整站保护设备的目标。作为保护与变电站监控的接口，智能管理单元负责归并元件保护各子机的信息，并采用标准通信协议接入站控层 MMS 网络。

（1）故障录波器：记录整个故障过程中电气量的变化。

（2）网络分析仪：记录站内通信报文，分析报文正确性。

（3）保护信息子站：收集站内保护录波及安自装置的故障信息。

（4）综合数据平台：实现二次设备的在线监测和智能诊断。

三、就地化保护检修与运维

就地化保护装置现场发生缺陷后，直接对保护装置进行整体更换，取代目前的插件更换模式，缩短现场停电时间。通过建立区域性检测中心，结合配置文件管控系统、定值管理系统和保护备份中心，基于自动检测系统在检测中心直接导入工程配置和定值，开展全面检测；现场直接更换后，开展回路验证试验即可大大降低现场继电保护的检修、试验工作量，缩短现场停电时间。

将继电保护装置在检测中心完成测试，取代目前的现场安装后进行单体调试和联动试验模式，包括基建调试、定期校验、消缺试验等，缩短现场建设调试时间。工厂化调试的重点是对保护装置内部工程配置文件和外部接口的一致性进行验证，这些工作将通过自动批量测试的方式开展，具体流程为从 SCD 导出工程配置文件下载至保护装置，与测试系统通过标准航空插件相连接，实现闭环自动测试，整体试验效率大幅提升。和前两代智能变电站的"集成测试+现场验证"方式相比，"工厂化调试+更换式检修"模式将保护装置和二次回路解耦，装置方面通过厂内验证进行保证，回路方面通过标准航空连接器规范，最终在现场安装后统一带一次设备进行验证，有效保证继电保护系统可靠性。

针对工程化调试和更换式检修，由于大量保护装置都需在检测中心开展测试工作，检测需求量大，有必要建立保护专用的自动测试系统，具备对保护装置自动装载测试的能力，以对单装置的功能进行快速验证。同时测试系统需要具备模拟其他间隔或者全站二次设备信息的功能，实现对待测保护装置间外部交叉信息的验证。自动检测系统基于智能标签技术，建立继电保护装置全过程信息管理系统，实现继电保护装置全信息扫描式读取及系统模板库自动匹配。基于就地化继电保护的标准化接口,实现被测装置多工位自动定位和检测工作自动装载,被测装置自动进入对应检测工位,并实现与测试系统精准对接,然后通过自动测试接口、依据模板库信息自动下装配置并进行全功能验证,整个检测工作,从开始的装置装配到最终的报告形成,由系统流水线完成,无需人工参与,大大提高检测效率、准确性和标准化程度,并降低测试过程中的风险。

第三节　就地化保护挂网运行方案介绍

220 kV 变电站就地化保护中,220 kV 保护装置、管理单元、录波器、保护专网和站控层网络等采用双重化配置,110 kV 及以下的母线、线路保护采用单套配置,主变保护采用双重化配置。双套保护装置分别接入保护专网 A/B,单套保护装置接入保护专网 A。保护专网负责传输 SV、GOOSE 和 MMS 报文,保护专网 A/B 之间采用隔离装置隔离,二者独立。智能管理单元同时连接保护专网和站控层网络,作为二者的桥梁。

110 kV 就地化线路、桥(分段)及母线保护单套配置,主变保护双套配置。110 kV 就地化保护专网按单网配置,双套配置的就地化保护管理单元接入保护专网 A/B,单套配置保护接入保护专网 A。元件保护(母差及主变保护)各子机间组成千兆光纤环网。

第四节　小结

就现在所了解的就地化保护的前世今生,及就地化对电力发展的重要性,知道电力企业需求变化的加快,就地化也将会使变电站设备的维护和管理变得不那么困难,保护装置就地化不失为一种具有较强灵活性、能够快速响应新的功能需求的理论和方法,同时也将会提高变电站设备信息的集成水平,适应智能变电站技术发展的需要。

生活类

第十二章　自我管理　拥抱情绪

人一生中的三大必学管理能力:情绪管理、时间管理、财商管理。这 3 种能力是帮助你实现人生最高幸福指数的利器,如果一定要给这 3 项能力排序,那么情绪管理一定是第一位的。情绪管理能力,决定了你的时间管理和财商管理能力。

为什么控制情绪对我们很重要? 套用流行的话说:一流的人有能力,没脾气;二流的人有脾气,有能力;三流的人既有脾气,又没能力。脾气是我们情绪的充分体现,从心理角度上来说,情绪牵涉到我们心智的成熟、身心的健康。

第一节　与情绪有关的故事

一、故事一:小男孩拔钉子

有一个坏脾气的男孩,他父亲给了他一袋钉子,并且告诉他,每当他发脾气的时候就钉一个钉子在后院的围栏上。第一天,这个男孩钉下了 37 根钉子。慢慢地,每天钉下的数量减少了,他发现控制自己的脾气要比钉下那些钉子容易。于是,有一天,这个男孩再也不会失去耐性,乱发脾气。他告诉父亲这件事情,父亲又说,现在开始每当他能控制自己脾气的时候,就拔出一根钉子。一天天过去,最后男孩告诉他的父亲,他终于把所有钉子给拔出来了。父亲握着他的手,来到后院说:"你做得很好我的孩子,但是看看那些围栏上的洞。这些围栏将永远不能回复到从前的样子。你生气的时候说的话就像这些钉子一样留下疤痕。如果你拿刀子捅别人一刀,不管你说了多少次对不起,那个伤口将永远存在。话语的伤痛就像真实的伤痛一样令人无法承受。"人与人之间常常因为一些无法释怀的坚持,而造成永远的伤害。如果我们都能从自己做起，开始宽容地看待他人，一定能收到许多意想不到的结果。给别人开启一扇窗，也就是让自己看到更完整的天空。

二、故事二：爱地巴跑圈

有一个叫爱巴的人，每次和人起争执的时候，就以很快的速度跑回家去，绕着自己的房子和土地跑3圈，然后坐在田边喘气。爱巴工作非常勤奋努力，他的房子越来越大，土地也越来越广，但不管房地有多么广大，只要与人起争执而生气的时候，他就会绕着房子和土地跑3圈。"爱巴为什么每次生气都绕着房子和土地跑3圈呢？"所有认识他的人心里都想不明白，但不管怎么问他，爱巴都不愿意明说。直到有一天，爱巴很老了，他的房地也已经非常广阔了，他生了气，拄着拐杖艰难绕着土地和房子转，等他好不容易走完3圈，太阳已经下了山，爱巴独自坐在田边喘气。他的孙子在旁边恳求他："阿公，您已经这么大年纪了，这附近地区也没有其他人的土地比您的更广阔，您不能再像从前，一生气就绕着土地跑3圈了。还有，您可不可以告诉我您一生气就要绕着房子和土地跑3圈的秘密？"爱巴终于说出了隐藏在心里多年的秘密，他说："年轻的时候，我一和人吵架、争论、生气，就绕着房地跑3圈，边跑边想自己房子这么小，土地这么少，哪有时间去和人生气呢？一想到这里气就消了，把所有的时间都用来努力工作。"孙子问道："阿公，您年老了，又变成最富有的人，为什么还要绕着房地跑呢？"爱巴笑着说："我现在还是会生气，生气时绕着房子和土地跑3圈，边跑边想，自己房子这么大，土地这么多，又何必和人计较呢？一想到这里，气就消了！"

三、启示

(1)生气是用别人的过失来惩罚自己。

(2)别让情绪控制自己的大脑。

(3)学会情绪管理的方式，学会做情绪的主人！

四、情绪对个人的重要性

情绪是第一生产力，情绪几乎参与了你所有的决策和行动。

情绪管理能力就是情商。人体如同一架马车，马车是由马来拉动，人体由情绪推动。控制马的工具是缰绳，管理情绪的工具叫作情商。如果拉车的马受惊失控，马车就会翻车，车毁人亡。如果人的情绪失控，人就会生病、发疯、伤人伤己，由此可知提升情绪管理能力多么重要。情商对于个人的人生成功、职场顺利和家庭幸福等都至关重要。

1. 家庭幸福

2010 年，首个《中产家庭幸福白皮书》项目通过 10 万人参与调研，总结出影响家庭幸福的前 5 个因素，分别是健康、情商、财商、家庭责任以及社会环境。家庭成员缺乏情商，会不断产生摩擦，导致家庭如同地狱。有情商的家庭充满和谐的生气，其乐融融。

2. 个人健康

医学数据表明，人的疾病 75% 由情绪引起。憎恶、敌意、愤怒、仇恨、痛苦、沮丧等情绪会缓慢地影响身体和心智的健康，最终对肝脏、心脏、免疫系统进行攻击。研究显示，癌症、溃疡、痛经心腔病、痘痘等疾病阅题都是由于长期压抑某一种情绪导致。

3. 个人成功

情绪管理影响着我们各种各样的社会关系，如上下级关系、同事之间的关系、家庭成员的关系、朋友关系、师生关系。

4. 职场顺利

在职场工作中有 70% 的人不快乐，90% 郁闷，90% 的人喜欢抱怨，90% 讨厌办公室文化，90% 的人处于亚健康状态。这些问题也和情绪管理直接关联。许多疾病、酗酒、吸毒、犯罪、摩擦、冲突、家庭不和谐、职场不顺利等不如意的事情，都与惜绪管理有关。一个人遇到的几乎所有的问题都与情绪管理不当有关。

五、情绪对电力企业员工的重要性

电力企业是国民经济的命脉，是中国社会发展和进步的基石。国有电力企业的知识型员工不同于一般的企业员工，他们掌握企业的核心技术，掌握着企业的命脉。当他们因为情绪管理不当而产生消极情绪时，必将对企业的安全生产和未来目标产生严重的影响。

2012 年 5 月 18 日，某公司变电检修人员对 220 kV 某变电站 110 kV28114、

28122、28113 三个间隔进行修试工作。在完成 28114、28122 间隔修试工作后,某供电局变电运行工区专责纳××根据掌握的缺陷统计一览表,要求超高压分公司变电检修部现场总协调人程××结合本次停电进行消缺,程××请求检修部生产调度出面协调。此时,超高压分公司安监部专责张×在进行安全稽查时指出 28113 间隔现场班前会交底记录不符合要求,责令停工整顿,而工作负责人王×表示异议,与张×进行辩解。程××通知工作班成员李××(已在 28122 工作票上办理了离去手续,坐在工程车上待命)进入 28113 间隔协助劝阻张×与王×之争议。李××到现场后,从程××手中看到《缺陷及隐患统计一览表》内有 28122-3 刀闸发热及 28114 开关 A 相发热等缺陷,即向程 xx 提出有些缺陷已消除,程××随口解释以前存在的设备缺陷不消除,运行人员就不同意结束工作票。17:44,李××擅自携带绝缘体核实 28114 断路器 A 相发热缺陷,误入正常运行的 28101 间隔(与 28114 间隔相邻),致使 A 相断路器下接线板对人体放电,造成电弧灼伤。分析该起事故中的违章行为。

李××为了核实 28114 断路器 A 相发热缺陷,未填用工作票、未经许可擅自工作,误登带电设备。违反变电安全规定 6.3.1"在电气设备上的工作,应填用工作票或事故紧急抢修单";6.3.11.5"工作班成员:熟悉工作内容、工作流程,掌握安全措施,明确工作中的危险点,并在工作票上履行交底签名确认手续。服从工作负责人(监护人)、专责监护人的指挥,严格遵守本规程和劳动纪律,在确定的作业范围内工作,对自己在工作中的行为负责,互相关心工作安全。正确使用施工器具、安全工器具和劳动防护用品"的规定。

工作负责人王×与安监部稽查人员发生争执,造成现场人员注意力转移,影响了正常的检修秩序,使现场作业人员失去监控。违反变电安全规定 6.5.1"工作负责人、专责监护人应始终在工作现场,对工作班人员的安全认真监护,及时纠正不安全的行为"的规定。

刑法第 277 条妨害公务罪规定:以暴力、威胁方法阻碍国家机关工作人员依法执行职务的,处 3 年以下有期徒刑、拘役、管制或者罚金。以暴力、威胁方法阻碍全国人民代表大会和地方各级人民代表大会代表依法执行代表职务的,依照前款的规定处罚。在自然灾害和突发事件中,以暴力、威胁方法阻碍红十字会工作人员依法履行职责的,依照第一款的规定处罚。 故意阻碍国家安全机关、公安机关依法执行国家安全工作任务,未使用暴力、威胁方法,造成严重后果的,依照第一款的规定处罚。暴力袭击正在依法执行职务的人民警察的,依照第一款的规定从重处罚。

而在国家电网公司员工奖惩规定中有违反行政管理秩序,被行政拘留的,视情节严重,给予警告至留用察看处分。被依法追究刑事责任的解除劳动合同。

第二节　情绪概述

情绪是对一系列主观认知经验的统称,是人对客观事物的态度体验以及相应的行为反应。一般认为,情绪是以个体愿望和需要为中介的一种心理活动(人对客观事物的主观体验)。

在我国,古人把情绪分为喜、怒、哀、乐、惊、惧、欲 7 种表现形式,也就是我们常说的七情。

美国心理学家伊扎德的情绪分化理论将情绪分为愉快、紧张、激动、愤怒、羞耻、傲慢等。

而不管是在国内国外还是古代现在,均认为情绪激动过度,就可能导致阴阳失调、气血不周而引发各种疾病。因此,认识情绪、控制情绪是我们终其一生不能停止的课题。

一、情绪的特征

所有情绪都会随时间不停变化。情绪不会消失是因为我们对念头紧抓不放,有念头并不是问题,若紧抓念头、认同念头,这才是问题。

1. 认清想法只是想法

紧抓念头是因为很多人相信这么做可以帮助自己克服痛苦与忧郁。研究结果显示恰巧相反,原因为,当你陷入困局里,情绪会低落,低落的心情会引发负面的想法,看到的都会是否定的、消极的。所以不要相信情绪低落时的想法,才能脱离低潮。

2. 情绪会随想法、认知而改变

有句禅语是这么说的,美人在情人眼中是愉悦的,在和尚眼中是杂念,在蚊子眼中,则只不过是一顿美食罢了。这句话的意思是,事物在眼中的样貌,会因为想法、认知而不同。外在事件本身并不必然决定我们会产生怎样的情绪,反而是我们如何诠释事件,才是关键所在。对事情不同的看法,能引起自身不同的情绪,让我们难过或痛苦的,不是事件本身,而是选择的解释。

每当有任何不愉快的情绪产生时,首先要意识到此刻你正被情绪控制,而不是事情让你不愉快。也就是说,把不快乐的情绪和不快乐的事情分开看。随时提醒自己此刻的想法,决定你此刻的心情。

3. 一切情绪都与自己过去的经验有关

每一个生命的经验都会在我们心烙印下痕迹。人们心里受伤或恐惧的经验根扎得很深,尤其早期的经历,产生的影响最强。伤痛的记忆与情感存于一套相互连接的神经网中,如同复杂的蜘蛛网,牵动一根丝线,就足以撼动整个蜘蛛网。所以往往只要一点小事,就会触动人们伤心的回忆。

我们对某些人某些事不满,其实都是和自己的过去过不去。反之,别人对我们的反应也一样,他们也可能携带着许多过往的伤痛。

4. 情绪背后都有支持它的信念

当受到情绪覆盖的念头深植在内心许久,我们就会从内心相信它是真实的。一个所谓的信念就此形成。信念有事情做不好,我是失败者;我没有人爱等。

人为什么会因小事感受到挫折?因为我们不把这些事情看作小事,而把那个失误的一球、一分、一件事,视为失败者的证明。

人为什么会争吵?因为双方都要坚持意见。每个人都认为自己是对的。对这些信念都深信多年,很少质疑它们,而是不断去证实这些信念所代表的行为和事件。

5. 情绪背后都有支持它的信念

如果认为自己没有人爱,那么你的一举一动都会散出这种不安全感。当其他人远离你时,遭到拒绝的感受又会来证实你的想法。

所以不难发现，每当你产生情绪反应时，往往就是按照某种信念而产生行为。

越坚持自己的信念，越容易跟人起冲突，也会变得没有弹性，自我设限，甚至不可理喻。

情绪反应让我们看见自己的内心世界。

我去对生活的不满，可曾想过你不满的是生活还是你自己？因为就在你的周围，也有人活得很好。这个世界是心的画布，当你以欢喜创作，就看到欢喜的画面；以阴郁调色，得到的是悲伤的作品。生活的状况，就是我们每一个人内心的状况。你怎么看世界，它就是你想的那样。

很多人一味想改变外在环境，那是搞错了。境由心生，你的心境决定你的处境，从情绪反应可以看见自己的内心世界。

比了解世界更重要的，是了解人心。比改变外界更重要的，是改变自己的心。

二、情绪的分类

分为积极的情绪和消极的情绪。积极的情绪能使人愉悦，不仅有利于自身的身体健康，而且让我们更积极地投入工作与生活中，使我们工作得更有效率，生活更幸福。而消极的情绪则正好相反，它能让我们产生悲观的思想，影响我们正常的工作与生活，例如害怕、生气、冷漠、贪婪、紧张、敌意。因此，我们应该避免消极情绪的产生，当消极情绪发生时，要学会如何排解消极情绪。

第三节　情绪管理

一、情绪管理的概念

情绪管理（Emotion Management）是指研究个体和群体对自身情绪和他人情绪的认识、协调、引导、互动和控制，充分挖掘和培植个体和群体的情绪智商、培养驾驭情绪的能力，从而确保个体和群体保持良好的情绪状态，并由此产生良好的管理效果。在情绪管理中，对情绪的控制始终是管理过程中的重要因素。情绪控制是在组织或个人的情绪发生问题时进行及时调整，使之恢复良好的状态。

对待同样的事物，不同人会有不同的看法，从而引发不同的情绪反应。例如当我们迷失沙漠而又找到半杯水时,有人因它能够解渴而高兴,有人因它不足解渴而懊恼。根据美国心理学家艾利斯的观点,一件事情的好坏并不能决定引起怎样的情绪反应,关键在于我们对事件所持有的信念、看法和解释。如果我们保持一种乐观的信念,那么坏事也是好事,而一旦采取一种悲观的态度,那么就必然会面临很多的情绪困扰,这当然不是我们所希望的,所以面对问题时,我们应尽量从积极正向的角度去看待,从而保持良好的心境。

二、情绪管理的方法

1. 数颜色法

美国心理学家费尔德提出了一种控制情绪的有效方法,即数颜色法。其操作方法是,当你不满某个人或某件事而感到怒不可遏,想要大发脾气时,如有可能的话,暂停手中的工作,独立找个没人的地方,不论是办公室、卧室或是洗手间,都可以,做下面的练习。环顾四周的景物,然后在心中自语:那是一面白色的墙壁;那是一张浅黄色的桌子;那是一把深色的椅子;那是一个绿色的文件柜。一直数到 12,大约数 30 s。

2. 记情绪日记法

情绪日记不是一般的日记,记的是每天自我情绪的情况,即每天发生了什么事,我有什么感觉,甚至一些微小的感觉也要记录在案。这是心理学家们对控制迟钝型情绪的建议。事实证明,压抑不是解决问题的办法,因为你当时没有发脾气,克制住了自己,但愤怒的情绪仍然存在,日积月累,到最后实在压抑不住了,一旦发泄出来,就如同火山爆发,十分可怕,不但自己会受伤,对方更难以承受。这一点须特别引起迟钝型人的注意。正如人们所说的,某先生脾气很好,但一旦发起脾气可就不得了。这就是迟钝型人的情绪特点。因此,情绪日记法是迟钝型人控制自己情绪的一种有效方法。

3. 音乐缓解法

音乐具有强烈的情绪感染力,因此也是缓解情绪的有效方法之一。对于部分人而言,当心情不佳时,听上一曲自己最喜欢的音乐,沮丧的情绪就会烟消云散。因此,建议喜欢音乐的朋友,不妨准备几盒自己最喜欢的录音带,放在身边,心情不好时就放上几曲,以此来调整一下自己的情绪。

三、塑造阳光心态

美国心理学家埃利斯创建的 ABC 情绪理论。假设人的情绪主要根源于自己的信念以及他对于该事物的评价与解释。结论是事物的本身并不影响人,人们只受对事物看法的影响。

积极态度的力量才是实现梦想的方法,在这个世界上最让人欣慰的是几乎没有人会真正跌到谷底。最可悲的是明明有能力飞,但很少有人飞到高处。

(1)要将目标深深印在脑海里,不可忘记。

(2)要在心中描绘出成功的自己。

(3)消极思想一旦产生,要立刻以积极思想将其排除。

(4)要尽量淡化困难,强化自己的能力。

(5)要以平常心面对当前的困难,并立刻以积极的思维加以排除。

改变不了事情,就改变态度;改变不了环境,但可以改变自己;改变不了过去,但可以改变现在;改变不了事实,但可以改变态度;不能控制他人,但可以掌握自己。

世间万事万物,皆有正反两面,即积极的一面和消极的一面,它完全取决于你怎么看。而积极心态就指当人处于困境中时,看待事物和自身能够突破一时的局限,用发展、成长的眼光来看自己状况的一种心态。

或者说,当人遭遇困境之时,能够尽量放空自己,尽量不带任何主观偏见和心理情结来看待自己。面对、接纳、行动,是积极心态的重要内容。

四、空杯心态

空杯心态是每一个想在职场发展的人所必须拥有的心态。职务提升不等于素质提升,级别提高不等于水平提高,有资历不等于有能力,有学历不等于有学识。因此,这需要我们保持谦虚之心,放下过去的成绩,以"空杯心态"去完善自己,甘当小学生,不懂就问、就学、就研究,从而适应岗位工作的要求。

五、老板心态

眼光:关注企业的战略与长远发展。

工作:事业、平台、乐趣。

责任:敬业、踏实、认真。

绩效:职业价值最大化。

效率:日事日毕,日清日高。

质量:精益求精,追求最好。

成本:当成自己的钱。

失败:吸取教训,总结经验。

六、宽容心态

忍一时风平浪静,退一步海阔天空。这种忍不是一种刻意的压抑,而是一种豁达、一种宽容,是一种人格的涵养。

七、感恩心态

感恩是对曾经帮助过自己的人心存感谢,是对生命中的至真至纯之情报以感激之情。人只有学会感恩,才能清楚来时的路,才能不忘初心,知道自己前进的方向。感恩是生命中宝贵的精神财富,心存感恩是一个人心存良知、信守道义的表现,它能影响周围人的精神状态,传递一种社会正能量,温暖人的心灵。感恩是实实在在的行动表现,如春风化雨,抚慰人的心灵。

第十三章　从优秀到领先

第一节　目标设定

一、如何制定自己的小目标

所有人必然会面临一个问题,那就是如何制定自己的小目标。那么我们该如何制定自己的小目标呢,分享一个 SMART 目标制定原则。

第一个 S,明确性。在刘易斯·卡罗尔的《爱丽丝漫游奇境记》中,爱丽丝问猫:"请你告诉我,我该走哪条路?""那要看你想去哪里?"猫说。"去哪儿无所谓。"爱丽丝说。"那么走哪条路也就无所谓了。"猫说。这个故事告诉我们人要有明确的目标,当一个人没有明确目标的时候,自己不知道该怎么做,别人也无法帮到你!我们平时的岗位工作中也有这样的问题,领导问你某项工作有什么困难,当我们非常清楚掌握这项工作的进展情况时,肯定能回答上来目前存在的问题和需要领导出面协调解决的问题。但是如果我们自己都不清楚,肯定就是 2 种回答:第一种"没问题",这种回答就是在赌运气,没出错还好,出错那就不好说了。另一种回答"我不知道",这是让领导非常不满意的回答,结果可想而知了。所以目标一定要清晰,目标如何清晰明确? 其实就是四个字:想要什么。

第二个原则 M,目标要量化。目前国网宁夏电力有限公司所有的工作、指标绝大多数都是量化的,因为量化的工作更容易实现、更容易看到结果,比如公司的投资要大幅度提升,和公司投资要提升 10%,这 2 个目标截然不同,收到的结果也是截然不同。我们个人工作能量化的目标也必须量化,比如一年发表几篇论文、多少专利,评上相应等级的职称,考取什么样的证书,这些都是量化的指标,只有目标量化后,我们才能变得更有方向性。但是目标量化一定要适度,不能过高,最后哪个也实现不了,这就说到 SMART 第三个原则:A。

A 代表可实现性,即目标必须切合实际,不能凭空假想。不切实际的目标就是一张彩票,不在自己的掌控之内,不在自己的能力范围之内,根本无法量化,也不可能实现,而且很有可能变成守株待兔的那个农夫,整天充满着幻想,最终不会有任何结果。制定目标必须结合自身的特点、特长、兴趣等优势来定一个可实现的目标。目标可控。

分享完目标的可控性,就必须再说一下 SMART 的第四个原则:R,即相关性。我们作为不同的社会角色,处在不同时间空间内,目标是多个、多样的,不是单一的,目标之间是有相关性的,就像我们本次的培训是为了今后的高潜人才培训做铺垫一样,它们之间是紧密相关一脉相承的,因此设计目标的时候我们必须考虑相关性,尤其在多项工作同时开展时,我们更要理清思路,明确他们之间的相关性,这也非常像木桶理论一样,任何一个小目标没有完成,将来水桶的容量就受限于该项目标的结果和质量。现场施工是一个工程项目的一部分,他是一个目标,但是资料随工整理同样是一个目标,他们之间有很强的关联性,如果只是现场施工完成了,该项目是无法竣工的,资料不完备、结算不准确、审计不通过,这个项目目标就是未完成,因此目标与目标之间要建立起很强的关联性。

最后一个是 T,即时限性。说过如果生命可以再来一次,50% 的人可以获得巨大成功。其实如果我们每人能活 200 岁,50% 的人也可以获得巨大成功,因为 100 岁的时候我们正值壮年,但是不可能。所有目标必须是在有限的时间内完成的工作。所有的工作目标不能定为完成即可,而应该定为在什么时间段内完成。离开时间的限制,工作就会像过时的报纸新闻一样,已经失效,没有了任何意义。试想我们这份 PPT 明年的今天再交,即便再漂亮,内容再丰富,已经没有任何意义了。时限性其实也是自制力、执行力的表现,也是我们目标的条件,必须在规定时间内完成规定的任务,这一点非常像我们的检修计划、工作计划。

二、目标完成

以上就是目标设定 SMART 原则,其实目标的设定不是套公式,更应该是发挥自身优势、现有条件，在空间、时间的条件约束下完成的一项任务。哈佛大学有一个十分著名的关于目标对人生影响的跟踪调查，对象是一群智力、学历、环境等条件都差不多的年轻人，调查结果发现：27%的人，没有目标；60%的人，目标模糊；10%的人，有清晰但比较短期的目标；3%的人，有清晰且长期的目标。25年的跟踪研究结果，他们的生活状况及分布现象十分有意思。那些占3%者，25年来几乎都不曾更改过自我的人生目标。25年来他们都朝着同一个方向不懈奋发，25年后，他们几乎都成了社会各界的顶尖成功人士，他们中不乏白手创业者、行业精英、社会精英。那些占10%有清晰短期目标者，大都生活在社会的中上层。他们的共同特点是，那些短期目标不断被达成，生活状态稳步上升，成为各行各业不可或缺的专业人士。如医生、律师、工程师、高级主管等。其中占60%的模糊目标者，几乎都生活在社会的中下层面，他们能安稳地生活与工作，但都没有什么个性的成绩。剩下27%的是那些25年来都没有目标的人群，他们几乎都生活在社会的最底层。

第二节　执 行 力

目标有了，剩下的就是如何去做了，关于目标实现的第一点就是执行力。为什么要讲执行力？因为执行力跟目标密不可分，没有执行力的目标就是空谈、空想，国网公司宁夏公司的很多规章制度，我们所有的电力员工严格地执行下去，才有了今天规模庞大的电网企业，没有执行的树是开不出果实的。同时，对于在座的每一位员工来讲，执行力与我们的成长和目标的实现密不可分，下面我将从九个方面分享个人对执行力的认识。

一、让兴趣成为动力

兴趣是最好的老师。兴趣是每个人做好事情的原动力，如果一个人对某件事很感兴趣，那么他就一定会积极地把这件事做好，不论古代、当代、国内还是国外，能有大成就的人基本都是兴趣第一的典型案例。在我们身边也是，精于某项领域或专业，往往就是该领域、学科、专业的爱好者，忙着闲着喜欢研究、学习，让自己乐于其中，困难、痛苦都算不了什么。

二、选定一个目标

习近平总书记在北京主持中非团结抗疫特别峰会并发表题为《团结抗疫 共克时艰》的主旨中提出了4个"坚定不移",让非洲国家感受到兄弟无远的中国情谊,让国际社会感受到团结抗疫的中国担当。我觉得我们每个人都要有这种中国精神,咱们身上一直有这种精神,从古代寓言故事愚公移山、精卫填海到近代的万里长征、实现中华民族的伟大复兴以及2个"一百年"的目标,处处体现并验证了坚定目标方能成功的道理。所以当我们选定了一个目标后就要坚定地去做,不达目的决不罢休,才能取得真经。

三、学会时间管理

在第一章的目标设定时讲了目标要有时限性,现在就针对执行力中时间问题分析时间如何管理。毫无疑问,这个世界上没有比时间更公平的东西了,我们每个人每天的时间是一定的,但我们每个人每天的工作量是不一定的,如何处理时间管理的问题? 一句话:任何时候,在一段时间内,只做一件事情。把一件事情做到100分,胜过把一堆事情做到80分,当你有一个新任务需要去做时,不要着急下手,按照这2个步骤去做。

第一,思考。它能够在一两分钟内快速完成?

第二,行动。如果可以,立刻着手完成它;如果不行,把它记下来,安排时间去做。

接下来,我们对所有的任务分类:

(1)可以明确执行的。

(2)需要进行思考的。

(3)简单、琐碎、不重要的。

划分4个象限:重要且紧急、重要不紧急、不重要但紧急、不重要且不紧急。

(1)重要且紧急的事,优先去做,立刻行动,不需要经过思考。

(2)重要不紧急的事,每天安排固定时间去做。

(3)不重要但紧急的事,尽量安排别人去做。

(4)不重要且不紧急的事,不要去做。

四、不要把要求定得过于苛刻

这个工作非常像我们的安全管理一样,安全的绳子应该绷紧了,但不能绷断了。应该是踮一踮脚尖就可以够到。

五、学会接受延迟享受

在欧美科学界流行着这样一句话:一心想得诺贝尔奖的,得不到诺贝尔奖。在我国的学术界也流行着这样一句话:不要急于装满口袋,先要装满脑袋,装满脑袋的人最终也会满口袋。我在课程里称其为延迟享受。延迟享受,或者叫延迟满足,是高成就者共有的特质,著名的"棉花糖"实验得出的结论:那些能为了更大的奖励而暂时忍住诱惑的孩子,在成人后,一般比忍不住诱惑的孩子更有成就。但延迟满足非常痛苦,属于那种"知道很多道理,却过不好这一生"的经典案例之一。其实说白了,就是让自己"活在未来"。这2句话谈的是同一个道理:我们在追求成功的过程中,切不可急于求成,妄想一蹴而就,一定要学会按部就班、学会等待。这种平心静气、从容沉着心性和气度的形成,同样也是源于儿时延迟满足的训练和培养。

六、忽视外界的声音

一位著名的画家突发奇想,他想画出一幅人见人爱的画。于是等他画完画,他拿着它到市场上去展出。仿效着春秋时期秦相吕不韦修撰《吕氏春秋》时一字千金的做法,他在画旁放了一支笔,附上说明:每一位观赏者,如果觉得此画还有需要修改的地方,就请在相应之处做上记号。修改结果让画家很惊讶,本来自己认为很得意的一幅画现在却被涂满了记号。事实上,没有一笔一画不被指责。画家很不解,以自己的实力不至于受到这么多批评吧,画家甚至开始怀疑自己的能力。在苦思冥想之后,画家决定换另一种尝试的方法。于是,他又画了一张同样的画,然后依旧拿着它到市场上展出。不同的是,这一次,他要每位观赏者指出的,不再是画得欠佳不妥之处了。与上次相反,他请每一位观赏者在他们认为精彩的部分做上记号。修改结果同样令画家惊讶,这让他感到十分不解。原来,原先所有被否定指责过的地方,现在也都被做上了标记,不过这次是赞美的记号。最后,画家充满感慨地说:"我如今终于明白了一个奥妙,那就是在任何时刻都要坚持自己,不要太在意别人的看法。因为,别人的看法永远是别人的看法,有赞美就会有批评,谁都无法让所有人都满意。重要的是有自己的主见。"

七、集中于事而不瞻前顾后

网上流传的一句话：时间的三大杀手是目标不明确、拖延、犹豫不决。如果现在有些犹豫，在人生的路上故步自封了，背熟曾国藩他老人家苦口婆心的 12 个字：未来不迎，当时不杂，既过不恋。如果你觉得对，那就去做吧。

八、给自己积极暗示

积极暗示—罗森塔尔效应。罗森塔尔效应指的是哈佛大学教授罗森塔尔在 1960 年做的一个试验。他在学生中随机抽取了 10 多名，"骗"老师们说这 10 多名是 IQ 测试中最优秀的学生，结果在学年结束后，这十多名学生的成绩都有了很大程度的提升。

（1）当你对某件事情抱着百分之一万地相信，它最后就会变成事实。

（2）我们怀着对某件事情非常强烈期望的时候，我们所期望的事物就会出现。

（3）人百分之百是情绪化的。即使有人说某人很理性，其实当这个人很有"理性"地思考问题的时候，也是受到他当时情绪状态的影响，"理性地思考"本身也是一种情绪状态。所以人百分之百是情绪化的动物，而且任何时候的决定都是情绪化的决定。

（4）因果定律：任何事情的发生，都有其必然的原因。换句话说，当你看到任何现象的时候，你不用觉得不可理解或者奇怪，因为任何事情的发生都必有其原因。你今天的现状结果是你过去种下的因导致的结果。

（5）吸引定律：当你的思想专注在某一领域的时候，跟这个领域相关的人、事、物就会被你吸引而来。

（6）重复定律：任何的行为和思维，只要你不断地重复就会不断地得到加强。在你的潜意识当中，只要你能够不断地重复一些人、事、物，它们都会在潜意识里变成事实。

（7）累积定律：很多年轻人都曾梦想做一番大事业，其实天下并没有什么大事可做，有的只是小事。一件一件小事累积起来就形成了大事。任何大成就或者大灾难都是累积的结果。

（8）辐射定律：当你做一件事情的时候，影响的并不只是这件事情的本身，它还会辐射到相关的其他领域。任何事情都有辐射作用。

（9）相关定律：这个世界上的每一件事情之间都有一定的联系，没有一件事情是完全独立的。要解决某个难题最好从其他相关的某个地方入手，而不只是专注在一个困难点上。

（10）专精定律：只有专精在一个领域，这个领域才能有所发展。所以无论你做任何的行业都要把做该行业的最顶尖为目标，只有当你能够专精的时候，你所做的领域才会出类拔萃地成长。

（11）替换定律：当我们有一项不想要的记忆或者是负面的习惯，我们是无法完全去除的，只能用一种新的记忆或新的习惯去替换他。

（12）惯性定律：任何事情只要你能够持续不断去加强它，它终究会变成一种习惯。

（13）显现定律：当我们持续寻找、追问答案的时候，它们最终都必将显现。

第三节　贵在坚持

一、坚持的重要性

前文已经讲述了坚持与执行力的关系，我们就接着这个话题继续分享坚持的重要性。有这样一组数据，括号里面的数据变化是非常小的，但是 365 次方后，结果差别变得这么大。从 37.8 变成了 0.000 6，整整 63 000 倍，不经过分析确实很难看出来。

二、国王下棋的故事

有一天，一个国王突发奇想，对他身边的一个大臣说："如果今天你能赢我这盘棋，我将会给你丰厚的奖励，随便你想要什么，我都会满足你。"于是大臣这次非常认真地下棋，很快这盘棋就以国王的失败而告终。国王还真的是一言九鼎，说话算数，问这个大臣："说吧，你想要什么？"大臣说："我要的东西其实很简单，陛下，在我们的面前有一张棋盘，在这个棋盘上有 64 个格子，我只需要陛下您在这个棋盘的每一个格上放上一些大米。具体方法是这样:在第一个格子里放一粒米,在第二个格子里放两粒米,在第三个格子里放四粒米,以此类推,帮我放满这张棋盘,我就心满意足了。"国王一听非常开心,"你的要求不高嘛,传粮食大臣,把他要的这些米拿来。"等粮食大臣过来一看,傻眼了,因为如果按照这种方法一计算,一个我们人类无法想象的天文数字出现了,要把这张棋盘填满,即使把当时整个国家粮库里面的白米全部拿出来也不够。大约 184 万万亿粒。

三、贵在坚持的 3 方面内容

贵在坚持主要讲 3 个方面的内容:积极主动、以始为终、创新思维。

1. 积极主动

了解积极心态的重要性,拥有积极乐观的心态,你的情绪也随着变得正面。你将不会沉溺于负面情绪中,且能更快地恢复到正面情绪。因而,生活会更加美好且有乐趣。心态积极不仅对身体健康有益,且能拓宽和激活认知能力。因为积极的心态使得神经多巴胺水平上升,从而提升了创造力、专注力和学习能力。正面的情绪还能提高人们应对困难的能力。你会变得更加抗打击,不容易被创伤和痛苦击倒。

2. 以终为始

在做任何事之前,都要先认清方向。在工作中,如果能养成以终为始的工作习惯,那么你在工作中走弯路、做无用功的次数将会大大减少,从而极大地提高你的工作效率和成效。

那怎样才能做到以终为始呢?可分为 4 步:步骤一,明确输出成果;步骤二,倒推生成步骤;步骤三,确定必要输入;步骤四,监控每步差异。

3. 创新思维

创新思维指以新颖独创的方法解决问题的思维过程,有逆向思维、发散思维、聚合思维。

第十四章　新基建　新人才　新技术

第一节　数字新基建的背景

从 18 世纪 60 年代工业革命以来，开创了以机器代替手工劳动的时代，1785 年瓦特制成的改良型蒸汽机的投入使用人类社会由此进入蒸汽时代。

19 世纪 60 年代后期开始了第二次工业革命，人类进入了电气时代。重大发明，主要是以电器的广泛应用。1866 年德国人西门子制成了发电机。

第三次工业革命也称第三次科技革命，是人类文明史上继蒸汽技术革命和电器技术革命之后的科技革命里的又一次重大飞跃，以电子计算机、原子能、空间技术、生物工程的发明和应用为主要标志。19 世纪 40 年代第一代晶体管计算机诞生。

经过近 20 年的发展，人类终于要迎来第四次工业革命，从互联网到互联网+从互联网+到物联网，还有现在说的智联网，这些新技术逐步走向成熟，而 5G 技术的问世，相当于第四次工业革命的催化剂，使人工智能、语音识别、智能驾驶、智能家居、智慧医疗等逐步走进人类的日常生活。

一、技术革命带给我们什么

可以说是，敢上九天揽月，下得五洋捉鳖。随着"天问一号"的发射成功，标志着我国行星探测的大幕正式拉开，蛟龙号可以下潜到海底 7 000 m 以下的深度。

在生活方面，住洋房、开汽车、乘飞机、坐高铁成为普通人的住行方式。

第四次工业革命催生了数据分析、云计算、人工智能等新兴行业，软件、机器人、互联网等行业也进入了快速发展阶段。比如华为成为信息与通信解决方案提供商,腾讯、百度投资开发电动汽车等。

从世界形势来看,新技术引领成为新一轮科技革命和产业变革的一个核心驱动力量,美国对华为实施制裁,就是担心中国的5G技术夺得新一轮工业革命的制胜点,美国将33家中国企业和机构列入其实体名单,名单中主要是中国的高科技公司和科研机构,所以说从大国博弈中看出,科技创新引领对于一个国家是多么重要。

二、移动智能终端连接了一切,二维码无所不在

从一开始的BB机到大哥大、普通手机、第一代智能手机,再到现在苹果和华为,手机作为我们普通人日常生活必备的移动终端,越来越智能化,现在一机在手,走遍天涯海角,走到哪里我们只要扫扫二维码就可以完成很多生活需要。

三、信息革命使人类进入了数字化时代

如今生活的方方面面,都尽享信息化的便捷。数字生活,数字支付,网上购物,智能家居,数字交通,数字旅游都体现出了信息化的便捷。

四、物联网是信息技术革命的第二阶段

无论是泛在电力物联网还是能源互联网,物联网技术都在电力系统运行和电网安全生产中扮演了重要的角色。

物联网对于电网意味着什么? 就是这4个词:可视、可控、开放、共享。

实现的目标在坚持智能电网的基础上,保证电网运行更安全、管理更精益、投资更精准、服务更优质,是实现国网公司建成具有中国特色国际领先能源互联网企业的必由之路。

物联网技术为电力设备从设计制造、出厂试验、运输、交接试验、运行工况、状态检测、运维检修记录等全寿命周期的数据进行有效采集和管理提供了强大的技术保障。

物联网、云技术、边缘计算和大数据分析技术结合,有望实现基于数据驱动的电力设备的状态感知、状态可视、状态运维和安全可控,从而确保电网安全可靠运行。

物联网技术为中国电工装备制造业、智能传感器和电力设备智慧运维产业提供了新的发展机遇。

五、新基建兼具高科技和基建属性

2019 年在中共中央政治局常务委员会召开的会议上,强调"要加快推进国家规划已明确的重大工程和基础设施建设,其中要加快 5G 网络、数据中心等新型基础设施建设进度。

相比传统基建,新字体现在"高新科技",将新科技应用于基础设施建设中,主要涉及的领域包括 5G 基建、特高压、城际高速铁路和城市轨道交通、新能源汽车充电桩、大数据中心、人工智能、工业互联网 7 大领域。

六、新基建的范围

4 月 20 日,发改委明确新基建范围包括 3 个方面内容:信息基础设施、融合基础设施、创新基础设施。这是迄今为止官方给出的最详细的关于新基建的定义和范围阐释。

2015 年 4 月国务院发布的《国务院关于积极推进"互联网+"行动的指导意见》。该文件提出,到 2018 年,"固定宽带网络、新一代移动通信网和下一代互联网加快发展,物联网、云计算等新型基础设施更加完备"。

2018 年 12 月中央经济工作会议提出"加强人工智能、工业互联网、物联网等新型基础设施建设"。

2019 年 3 月的政府工作报告中提出"加快新一代信息基础设施建设"。

2020 年开年以来,新基建出现的频率越来越高。在疫情背景下,新基建相关领域投资能否起到扩大内需,刺激经济的作用,逐渐成为社会各界关注的热点。

信息基础包括 3 个方面内容:网络基础设施 5G、物联网、工业互联网、卫星互联网;新技术代表有人工智能、云计算、区块链;算力基础设施包括数据中心、智能计算中心。

融合基础指深度应用物联网、大数据、人工智能等技术,支撑传统基础设从整个新基建结构看到,总共分为 5 个层次:传统基建增补层、配套应用设施层、智能化改造层、数字技术底座层、数据共享传递层,数字化程度逐渐增强,与我们相关的特高压和新能源汽车充电桩是属于配套应用设施层,当然这不代表电网数字新基建的数字化程度并不高,因为这只是一个领域的划分,电网数字新基建本来就是一个交叉学科领域,区块链技术、5G 网络数据、数据中台技术都涉及,因此电网数字新基建的数字化程度远远高于传统的特高压工程和其他电网工程建设。

七、新基建并非重走老路

1. 新基建和传统基建的区别

首先是技术类型不同,新基建突出的数字技术,信息化智能化技术。其次是投资主体不同,市场和政府共同推动。最后是经济结构,消费对经济的贡献率还是可以占到近 60%。

2. 2008 年的四万亿计划

(1)对拉动全社会投资和稳定经济发挥了重要作用。

(2)为进一步加强"三农"和改善民生夯实了基础。

(3)积极推进了经济结构战略性调整和发展方式转变。

3. 重大基础设施建设稳步推进

汶川地震灾后,恢复重建有力有序开展。

第一,民生工程,就是教育、卫生、文化这些社会事业的投资。这些投资占44%。

第二,自主创新、结构调整、节能减排、生态建设,是占了整个投资的 16%。

第三,重大基础设施的建设,包括交通基础设施、铁路、公路,另外还有重大的水利工程。这个投资占了 23%。

第四,再就是汶川地震的灾后恢复重建,占了 14%。

八、加快推进重点任务、积极打造示范标杆、合作共建促进应用

毛伟明董事长在国网公司年中会议上提到"主导产业要持续做强,以精益管理挖潜增效,以数字技术赋能赋智,加快推动电网向能源互联网升级"。

马士林董事长在宁夏公司年中会议上提到"抓住能源互联网这个方向,全面加快新型数字基础设施建设,打造能源互联网企业是加快数字化改造升级的必由之路"。

第二节　数字新基建的应用场景

一、应用场景的 4 部分

下面的内容主要围绕这里提到的 4 个应用场景展开,分别为基于物联网的设备状态感知体系、基于管控平台的生产指挥决策体系、基于智能装备的立体巡检、基于不停电检测的状态检修。

这四个应用场景也贯穿了设备管理和安全生产的全过程,设备运行、生产指挥、运维检修。

二、基于物联网的设备状态感知体系

基于物联网的设备状态感知体系,其实说到状态感知体系,最早的雏形也就是 2011 年建设的在线监测系统,通过几年的发展,在线监测传感器的种类越来越多、可靠性越来越高、准确度和灵敏度越来越高,最主要的是智能化程度越来越高,现在甚至可以在一块指甲盖大小的芯片里,集成多种传感单元,带有无线通信功能,有些甚至还有数据预处理和数据存储功能,这些都为实现设备识别、状态感知、状态分析无缝衔接提供了有力支撑。

从之前电力物联网的提出,到现在的能源互联网,在设备管理方面,稳定可靠、准确灵敏的状态感知是最重要,也是最基础的,没有这一步,设备互联无从谈起。

三、基于管控平台的生产指挥决策体系

基于管控平台的生产指挥决策体系,全面管控运检资源,实现决策指令、现场信息在运检管控中心和生产现场的实时交互,大幅提高运检指挥决策与现场指挥效率。比如现在大范围试点的"一键顺控"将大量、繁琐的人工道闸操作步骤固化到专用后台计算机上,只要在计算机上点击一下所需的"操作任务",计算机就可以自动地完成一系列的设备遥控操作,同时还能够自动校验是否操作到位,确保操作正确。过去,人工操作一条 110 kV 线路停(送)电,大约需要 30 min。如今,这样一个操作仅需 5 min 就可以完成。

四、基于智能装备的立体巡检

基于智能装备的立体巡检,也就是我们所提的智能运检。

国网公司提出在"十四五"期间要全面打造以卫星遥感、无人机、直升机、机器人等技术手段为主体的空天地一体化巡检体系,建立人机协同自主巡检模式,深化移动巡检应用,2022 年建成一批国际领先的人机协同巡检单位。

国网宁夏电力有限公司设备总量及电压等级跨入新阶段,截至目前,设备总量较"十三五"期间增加 34.4%,变电运检专业缺员率达 30%,运检专业人员数量与其工作量间矛盾日益凸显,所以智能运检技术大范围推广对于缓解人员和工作量之间矛盾问题具有重要意义,但是智能运检技术也面临很多技术瓶颈,比如无人机的续航能力,机器人对于不同空间维度的设备状态检测能力都受到一定的制约,因此可以说"迫切需要,任务艰巨"。

五、基于不停电检测的状态检修

基于不停电检测的状态检修,其实状态检修的概念很早就提出了,目前各单位基础管理工作距开展状态检修工作的要求仍存在差距,对电网设备状态的判断还主要以停电预试、检修、设备巡视及运维检修及管理人员的经验为主,以在线监测和带电检测数据作为补充,尚未建立完善的设备状态评估诊断系统,从而导致目前的检修出现"小病大治,无病也治"的盲目现象,设备过修、失修问题并存。因此以 PMS 系统为基础,以先进的检测技术为手段,以智能化辅助分析为平台,实现传统计划检修向状态检修转变成为必然,由到修必修向应修必修的根本转变。

第三节　数字新基建的基础关键技术

一、新型传感技术

1. 小型化、集成化技术

传感器的小型化集成化技术。近几年,MEMS 传感器十分火热,在电力系统智能感知领域也逐步开始使用。MEMS 是一种微机电传感系统,这种微加工工艺、纳米级芯片技术的应用,使得传感器的小型化和集成化程度提升了一大截,这也为今后传感器与设备本体的融合、传感器的内置提供了技术支撑。

2. 网络感知技术

网络感知技术：每个感知传感器具有通信功能，可以自由组网，形成无线传感器网络，每个传感器作为网络节点都具有识别网络安全态势、自由选择路径的功能，尤其对于网络安全过程中出现的威胁，进行有效的检测，建立预防体系，提升网络安全性。

3. 无源芯片传感技术

无源芯片传感技术，这是一个无源温度芯片传感器的示意图，温度芯片包括陶瓷基材和导电区域，整个传感器除了温度芯片，再加上天线、金属导热材料，整个体积很小，可以直接贴敷于像铜排和线缆连接的位置，相比在整个开关柜装一个温度传感器，其灵敏度、准确度都会提升很多，更重要的是可以直接定位发热位置。这种无源、芯片化设计必然带来对设计工艺的更高要求，还有可靠性和防护能力提升方面的要求。

4. GIS 操作机构声学指纹无源感知

声学指纹无源感知技术，也就是我们所说的声振成像技术的延伸，其原理就是基于传声器阵列测量技术，通过测量一定空间内的声波到达各传声器的信号相位差异，依据相控阵原理确定声源的位置，测量声源的幅值，并以图像的方式显示声源在空间的分布，即取得空间声场分布云图-声像图，其中以图像的颜色和亮度代表声音的强弱。例如现在就有关于基于声学指纹技术的断路器操动机构的状态诊断研究，通过提取断路器操动机构的异常状态量，提出甄别开挂类设备机械异常的诊断方法，这里说的声学指纹其实就是声信号波形，异常与正常状态下声信号波形，频谱特征必然存在差异，这也是能够判断开关设备故障的关键。

5. 空间放电定位传感器

空间放电定位传感器，目前除了红外成像技术以外，能够实现设备缺陷准确定位的特高频空间定位传感器，对于 GIS 内部缺陷的诊断，红外检测很可能发现不了，利用特高频或者声电联合定位的手段，可以准确定位到缺陷位置，误差可以达到厘米级。

6. 巨磁阻传感器技术

巨磁阻传感器技术。首先介绍一下巨磁阻效应的概念:物质在一定磁场下电阻改变的现象,称为磁阻效应。

相比其他磁传感器,巨磁阻 GMR 传感器具有较宽的磁场测量范围,较高的响应频率和灵敏度以及较强的温度适应性,在磁场线性测量领域具有较为明显的优势。

巨磁阻速度传感器在汽车领域应用较早,可以用于 ABS、变速箱、凸轮和曲轴等速度及位置检测。

目前在电力领域普遍采用的电流传感器测量都是基于霍尔原理,由于通电螺线管内部存在磁场,其大小与导线中的电流成正比,故可以利用霍尔传感器测量出磁场,从而确定导线中电流的大小。

巨磁阻电流传感器具有结构简单,成本低的特点,采用四个导体或者半导体材料组成电桥,当导线电流发生变化时,周围的空间磁场会发生变化,进而引起电阻率变化,电桥输出电压即对应电流变化,经试验验证这种变化是呈现一定线性关系的。

物质的电阻率在磁场中会产生轻微变化,这种现象叫磁阻效应(AMR)。

某些条件下物质电阻率会随磁场产生较大变化称作巨磁阻效应(GMR)。

7. 微体积能量收集技术

微体积能量收集技术,在这里我们以架空线路导电体测温应用场景为例,介绍 3 种典型的微体积取能技术。

感应电流取电型,利用电磁感应原理,自动从高压带电设备电流中感应出电源,无需外接电源和内置电池。

电压取电技术,利用导体周围电磁场分布特性,基于电容耦合原理,使空间电荷在电容基板上聚集,即对电容进行充电。

温差取电技术,利用热源与附近环境温度差产生电能为传感器供电,免维护,安全性强且环保。

当然还有其他一些先进的取能技术,例如激光取能、RFID 射频取能,这些取能技术在国内都有研究而且都已在实验室通过了相关的试验验证。所以随着传感器小型化、低功耗化发展，将不再需要目前这种风光互补的蓄电池储能方式进行供电，风光峰值的出力远大于传感器能量需求，长期这样蓄电池寿命难以保证，所以说上述的这些取电方式将是今后电网野外低压设备供能的趋势。

二、智能化感知设备

基于"一体化、标准化、模块化"的智能感知设备，这对于我们来说不算陌生，比如 GIS 设备内置式特高频传感器，还有变压器放油阀的特高频局放传感器，这些都是内置于设备本体内部，相当于与主设备一体化设计，只是没有达到标准化和模块化的设计标准。近几年，我们研究的很多传感器由于受客观条件限制，基本都是采用外置式结构设计，外置相较于内置在设备缺陷诊断方面的灵敏度和抗干扰性肯定是有差距的，这里提到的这种智能化感知设备技术将会成为今后的发展趋势。

三、智能传感器溯源检测技术

1. 有效性与抗干扰能力评估

智能传感器溯源检测技术——有效性与抗干扰能力评估，从目前我们已有的监测数据可以看出，数据上传很不稳定，有些装置数据一直很定不变，有些装置数据呈现无规律的分散抖动，有些在某些时间段是缺失的，有些会偶尔出现尖峰数据。还有比如油色谱数据有些设备虽然总烃达到报警值，但设备正常运行没有任何问题，有些设备油色谱数据未达到阈值，但设备已出现问题，这些都是现场传感器有效性和抗干扰能力不足的问题体现，这些设备投运前都经过了相关机构的型式试验，但是在现场依然无法有效地判断缺陷、无法稳定地上传数据等问题，因此必须要在实验室建立完备的现场模拟实验环境，提升传感器的有效性和抗干扰能力。

2. 功能与可靠性验证

智能传感器的溯源检测需从设计、评估、试验验证 3 个维度进行可靠性检测，研究建立与完善智能感知终端测量标准体系，制定智能感知终端可靠性检测标准与规范，针对电力物联网应用场景，研发专用的智能感知传感器功能与可靠性验证平台。

四、传感网络支撑技术

5G 变革升级泛在业务应用、创新突破电力物联场景,5G 为什么能够支撑电力物联网建设? 因为 5G 较之前的 4G、3G 具有明显技术优势,超可靠、超低延时、超大带宽。下面举两个例子说明一下 5G 带来的电力物联场景突破。目前受网络技术限制,巡检机器人、单兵巡检仪、超高清视频监控等回传图像清晰度有限,远程控制性能较差。基于 5G 网络的 eMBB 特性,可提升巡检机器人等移动应用类设备回传图像、视频清晰度,降低时滞,提高运维效率。

分布式电源接入配电网后,电网结构会发生变化,配电网运行的稳定性会受到分布式电源接入的影响。纵联差动保护采用光纤通信敷设难度大、成本高,无法满足海量接入需求。基于 5G 边缘计算关键技术,可构建配网两端或多端的横向网络和终端到主站的纵向网络,5G 基站授时实现时间同步, 可将数据下沉至智能保护设备,进行实时处理和故障隔离,降低时延,解决新能源并网消纳难题。

总之,从这两个例子可以看出,在实时性要求上很高。

五、应用层支撑技术

1. 数据存储与管理技术

数据存储与管理技术。为什么把数据管理放在应用层来讲述? 因为数据是智能诊断分析的基础,良好的数据质量是智能诊断的前提。

hadoop 用于分布式存储和 map-reduce 计算,spark 用于分布式机器学习,hbase 是分布式 kv 系统, 看似互不相关的他们却都是基于相同的 HDFS 存储和 yarn 源管理。

hdfs 是所有 hadoop 生态的底层存储架构, 它主要完成了分布式存储系统的逻辑,凡是需要存储的都基于其上构建。

2. 智能诊断技术

有了高质量的数据做支撑,智能诊断便可以充分发挥作用,这里以局部放电模式识别为例,讲述一下如何通过深度学习实现设备缺陷的智能诊断。采用传统的支持向量机、神经网络与深度学习方式进行对比,样本数都是 15 000,深度学习在输入参数,神经元个数,网络层数都远大于支持向量机和神经网络模型,最终识别正确率深度学习最高,也能正确识别微粒缺陷。

3. 智能匹配技术

智能匹配技术是采用大数据分析的快速匹配和关联搜索算法。智能匹配的实质和百度、google 的搜索引擎一样,根据输入关键词,在庞大的数据库进行数据匹配快速搜索,获取想要的结果。比如我们紫外检测和红外测温获得的图谱数据如何进行智能诊断,就可以建立庞大的缺陷图谱库,通过图谱数据对比,就可以判断缺陷类型,再者像局放测量中 PRPD 和 PRPS 图谱,目前很多具有简单诊断功能局放检测仪,也是采用这种图谱对比的方式判断放电缺陷类型。

4. 大数据可视化技术

利用 Java web 技术,将电力设备局放智能诊断样本数据库、电力设备缺陷、故障综合案例库及设备各类信息之间通过大数据分析技术挖掘的相关关系,生成动态清晰、多维度的内容,实现设备状态的实时展示及精确评价。大数据可视化其实是数据的一种综合展示方式。

第四节　数字新基建的新技术应用

一、局部放电检测技术

我们现在常用的局放检测方法有脉冲电流法、特高频法、高频电流法、超声波法、暂态的电压法。

局部放电检测技术发展的方向是提高检测灵敏度、增强抗干扰能力和增强局放信号辨识智能处理能力,一些新技术方向包括基于光纤传感的变压器局部放电超声检测技术、射频局放检测技术、基于新型电容耦合方式的开关柜局放在线监测和故障定位技术、放电类型模式识别与设备状态关联关系研究等。

试点应用技术:新型局放传感器技术、组合电器设备特高频局放检测外屏蔽技术。

推广应用技术:架空线路超声波局放快速巡检、电缆局放双端检测定位技术得到了广泛的应用。

二、电流/介损检测技术

电流/介损检测技术在电网中已有较为成熟的应用，其主要包括变压器铁芯/夹件电流检测、避雷器阻性电流检测、电容型设备介损及电容量检测等。

变压器直流偏磁检测、基于物联网的线路避雷器绝缘检测等新技术正在深入研究和应用，已经取得了一定突破，并开展了一定的试点应用，还有其他一些试点应用技术电容器组中性点测试配网电容电流技术、基于损耗因数和损耗电流谐波分量的超高压电缆绝缘状态在线诊断与评估技术。

三、温度检测技术

温度检测：目前最为常用的就是红外测温技术，尤其对于暴露在空气当中的设备很容易通过发热进行定位，但是对于GIS设备内部的发热缺陷一般是不容易通过红外检测发现的。

随着传感技术研究的不断发展，植入设备本体、直接测量热点温度、传感信息无线网络化传输是技术发展方向，一些新的应用场景比如变压器绕组温度光纤检测技术、GIS母线触头测温技术等。

此外国网公司在深化人工智能技术落地应用方面提出了小样本缺陷图像智能识别技术研究，突破设备管理专业的人工智能技术应用难点问题，试点应用红外图像、声纹和局部放电图谱的智能识别模型。

四、油气检测技术

油和气的检测常用的油色谱检测、SF_6气体泄漏成像和SF_6气体分解物检测。

SF_6是一种严重的温室效应气体，国内很多高校及厂家逐步开展新型气体绝缘介质研究，替代目前的气体绝缘介质。前不久西交大与平高自主研制的世界首套126 kV无氟环保型GIS，采用自主研制的126 kV单断口真空灭弧室作为开断单元，CO_2作为绝缘介质，GWP(全球变暖潜能指标)不到SF_6气体的万分之一，此外还有采用N_2和N_2、SF_6混合气体作为替代研究的，但是要达到相同的绝缘强度要求，对压力和管壁要求都很高，可操作性目前还不具备。

在油中溶解气体的现场检测技术的快速性和准确性方面仍需开展研究，在油中溶解气体光声光谱、红外光谱检测技术国产化方面仍需开展研究。光声光谱和红外光谱技术不断成熟，可以实现 5 min 完成 1 次检测，相较于气相色谱的 2 h 1 次检测，效率提高了很多，而且也不用经常更换载气，减轻很多运维工作量。

五、振动/绕组变形检测技术

振动检测已成熟地应用于变压器、电抗器等变电设备的振动检测中。但是目前相关标准缺乏检测结果的分析判断依据，从目前相关研究中仅以振动幅值判断变压器和电抗器的状态是不可靠的，必须从振动波形分析判断。

变压器绕组变形检测有短路阻抗法、低压脉冲法、频响分析法、电容量变化法等属于比较成熟方法。

GIS 振动声学分析诊断技术，振动声学分析诊断技术也取得了一定的研究应用。

基于故障录波的变压器绕组变形在线监测技术等新型检测技术尚处于研究阶段。原理是在短路电流作用下，变压器绕组在承受大电流冲击下发生形变，导致漏电感变化，结合现场录波数据，发现漏电感变化与变压器绕组变形程度的对应关系。

六、无损检测/射线探测技术

无损/射线检测类技术主要以 X 射线、超声波探伤技术为主，其中较成熟应用为支柱绝缘子带电探伤。

目前，新技术主要以 X 射线、超声波探伤技术为主，在机械制造、航空航天等领域有较广泛应用，在电力领域此类技术在"配电变压器线圈材质检测""GIS、电缆、线路线夹 X 射线成像""管壳式输变电设备缺陷超声轴向导波检测"等领域取得重大突破。

目前，比较前沿的基于超声探伤的造影技术，能够通过超声探伤，对设备内部故障结构进行三维重构，清晰地展示内部故障。

七、光纤检测技术

光纤检测技术目前在电力领域应用十分广泛，已远远超出我们最初对光纤只是一种通信媒介的认识，目前可以利用光纤测量温度、测量振动信号、测量电流电压信号等。

光纤温度传感器基于拉曼散射测温技术,利用一根普通光纤作为敏感元件实现远程分布式温度测量,可用于隧道、电缆、油井等的温度监控和火灾预警。

光纤温度传感器采用一种和光纤折射率相匹配的高分子温敏材料涂覆在二根熔接在一起的光纤外面,使光能由一根光纤输入该反射面从另一根光纤输出,由于这种新型温敏材料受温度影响,折射率发生变化,因此输出的光功率与温度呈函数关系。其物理本质是利用光纤中传输的光波的特征参量。

八、分布式光纤振动传感器

分布式光纤振动传感器基于相位敏感光时域反射技术和光路受激频移扫描技术,利用一根普通单模光纤作为敏感元件实现远程分布式振动/扰动/入侵监测,光纤在受到挤压、触碰、干扰的情况下,光路波形发生偏移。

九、光纤光栅传感器技术原理

光纤光栅传感器,基于光纤光栅测量技术,利用光纤光栅波长随温度应变变化的传感原理,可广泛应用于温度监控、火灾预警和基础架构的健康监测。既可表面粘贴也可在设备内部布设等优点。

十、光纤气体传感器技术原理

两个高反射腔镜 M1 和 M2 构成一个非共焦稳定光学谐振腔,由激光器发出的脉冲光源对其进行照射,由于对腔镜进行了高反射率涂覆处理,因此光源发出的光只有一小部分被耦合进了光腔,光脉冲在两个腔镜之间往返振荡。通过测量逐次递减的光脉冲衰荡信号,可以获得腔内脉冲光强随时间的变化关系,而不同气体的光谱吸收不同,从而得到不同的变化关系。

CRDS 技术是一种测量稳定光学谐振腔内光强衰减速率的光谱吸收技术,它不受光源光强波动的影响,且具有极高的灵敏度和分辨率,是迄今为止报道的最高灵敏度气体检测技术,通过长光程的衰荡腔,光在吸收池内往返多次,可以实现 ppbv 甚至 ppt 2 级的检测精度,非常适用于气体或液体微弱吸收光谱的测量,已广泛应用于原子、分子、团簇等吸收光谱的测量,有害元素分析,气相化学反应动力学,压力、温度传感及损耗的测量,环境监测领域以及医学诊断等方面。

十一、全光纤电流传感器技术原理

全光纤电流传感器技术，这是基于法拉第磁滞旋光效应的电流检测方法，电流流过光纤线圈，产生磁场，沿传播方向的磁场将对光偏振角度产生影响，这个角度的大小与流过的电流大小是成正比关系的。

十二、光学电压互感器技术原理

当一线偏振光沿某一方向入射处于外加电场中的电光晶体时，由于普克尔斯效应使线偏光入射晶体后产生双折射，这样从晶体出射的两双折射光束就产生了相位延迟，该延迟量与外加电场的强度成正比，考虑采用 BGO 晶体横向调制，由公式可见，通过检测该相位差即可得知外加电压的大小。

十三、新技术应用的状态感知技术

前面一章我们讲述了新技术应用的状态感知技术，主要说的感知层面，那么有了这些感知到的数据、图谱信息，就需要大脑做出分析诊断、趋势预测、辅助决策。这就是我们接下来要说的新技术应用的分析决策部分。

十四、机器人主动导航技术

机器人的智能巡检技术近几年在电网生产中已经逐步推广应用，其搭载的监测功能也逐步丰富，由最初搭载的红外、视频，到现在有些机器人搭载了局放监测、仪器仪表读书的智能识别，也有一些适用于固定场景的机器人，比如在换流站阀厅内部、高压小室内部的轨道式机器人，这些智能机器人的使用很大程度提高了现场运维检修效率。

国网公司目前也是大力推广智能移动巡检及无人机、智能机器人等巡检作业，差异化运维检修，提升缺陷隐患主动发现治理能力。

十五、基于图像精准识别的输电设备状态诊断和风险预警技术

图像识别技术在变电设备缺陷识别和风险预警中也同样有用武之地，比如变电站巡检图像的智能辨识、变电站设备标签的自动辨识，变压站表计辨识。近几年电网设备的实物 ID 赋码贴标基本已全覆盖，所以实物 ID 标签的自动识别将会十分有用，我们可以在智能巡检机器人上搭载这种识别装置。

十六、人工智能辅助决策技术

为什么我们总是提辅助决策,因为人工智能目前的技术成熟度,还远远达不到替代人类的效果,这不光是在电力领域,在其他任何领域都是这样,只能作为辅助手段,协助人工进行分析决策。有一种说法叫技术成熟度曲线,任何一项新技术都要经历这么5个阶段。

第一阶段,科技诞生的促动期。刚问世时,各种媒体报道,将产品推向一个高潮,但过不了多久产品的很多缺陷都逐渐暴露。

第二阶段,过高期望峰值。虽然暴露了一些问题,但前期积累了很多粉丝,还是将这款产品推向一个峰点,对于这些问题越来越多,关注的人逐渐减少,销量变差,有些公司及时采取了补救措施,很多公司由于资金问题破产。

第三阶段,泡沫化低谷期。随着大多数公司破产和粉丝的减少,进入了低谷期。

第四阶段,稳步爬升的光明期。这其实是一场优胜劣汰的战争,存活下来的这些企业潜心于科研试验,解决产品问题,进入稳步爬升期。

第五阶段,实质生产的高峰期。经过科研攻关,成熟的产品将投入量产,进入生产的高峰期。

人工智能目前还处于第一阶段。

十七、"空天地"一体化技术

随着这几年遥感技术、航天技术发展、北斗卫星的成功应用、无人机的广泛应用,各类物联网传感器的出现,使得"空天地"一体化立体监测技术的应用变得更加接地气,我们可以看下这3种监测手段在感知尺度、感知范围、时效性等方面相辅相成。

这里重点说下北斗的短报文通信功能,这是满足电力行业发展建设需求的通信传输系统,能够将精密授时与定位结合起来。北斗卫星同步技术能够有效作用于那些信号较弱的高空、山区以及无人区等地区。首先,系统技术运用人员要通过指挥中心实现对作业人员以及终端设备的监控。具体就是利用卫星定位技术,从而确定监控内容的所在位置。其次,利用北斗卫星同步技术的短报文服务功能,与电力作业现场的工作人员进行信息交互,以明确实际施工所遇到的问题。

十八、传感器边缘计算

传感器边缘计算技术,也是近几年随着人工智能技术应用产生的一项新技术,将计算单元由中心向传感侧移动,有利于降低计算中心的计算资源要求,能够充分发挥分布式计算与并行计算的优势,更大幅度降低了对通信网络与功耗的要求。

十九、基于多感知数据融合的设备故障智能诊断技术

这是大数据技术在设备故障诊断方面的应用,随着监测手段多样化,监测数据海量化,大数据融合、大数据挖掘技术在设备故障诊断方面显得越来越重要。

在这一章中,我们讲述了机器人、无人机的智能巡检手段、图像识别技术、人工智能技术、空天地一体化监测技术、边缘计算、大数据融合技术在电网生产中的应用,这几类技术都是目前物联网、数字化的主流核心技术,也是未来数字新基建的发展趋势。

第五节　小结

本章学习了解了数字新基建新技术应用,从新型传感技术、传感器取能技术、传感器溯源检测技术、网络层支撑技术、应用层支撑技术,重点讲解了数字新基建的关键基础技术,接下来从局放、电流/介损等检测技术讲述了状态感知技术的应用,从机器人、无人机的智能巡检手段、图像识别技术、人工智能技术等方面讲述了分析数字新基建的分析决策技术。

第十五章　区块链重塑经济与世界

众所周知,我们现在生活在一个高速发展的年代,科技不断重塑着我们的经济、生活和世界。一种全新的金融网络、分布式数据库技术从底层蓬勃而出,将重塑整个金融和经济,这个技术就是区块链。区块链的诞生颇具传奇色彩,而它引发的一系列产物:数字货币、智能合约、分布式治理等,更是激发了全球领域的金融和社会变革。由于具有去中心化、开放性、不可篡改、可编程性等特质,区块链受到了美国华尔街的瞩目,44 家国际财团、跨国银行组成 R3 公司进行区块链技术的联合试验。技术创业者的天堂——硅谷也在疯狂追捧,短短数年,仅美国区块链领域的前 10 家领军创业公司获得的风险投资额就已经超过 10 亿美元。中国也正在经历这场区块链革命。

第一节　区块链简介

我国对区块链也高度重视,中共中央政治局 2019 年 10 月 24 日下午就区块链技术发展现状和趋势进行第十八次集体学习。中共中央总书记习近平在主持学习时强调,区块链技术的集成应用在新的技术革新和产业变革中起着重要作用。我国要把区块链作为核心技术自主创新的重要突破口,明确主攻方向,加大投入力度,着力攻克一批关键核心技术,加快推动区块链技术和产业创新发展。我国必须走在区块链发展的前列。这需要政府、企业、学界、媒体,乃至社会各界通力协作、齐心努力,惟其如此,方能使区块链成为我国核心技术自主创新的重要突破口,真正发挥其在新的技术革新和产业变革中的重要作用,并助力提升国家治理体系和治理能力的现代化水平。

区块链提上政治局集体学习日程，不仅体现着习近平总书记对于新技术新领域的高度重视，而且对包括区块链技术的新一代信息技术发展的长远考虑。习近平总书记不止一次指出，只有把核心技术掌握在自己手中，才能真正掌握竞争和发展的主动权，才能从根本上保障国家经济安全、国防安全和其他安全。

一、相关政策

2016 年 10 月《中国区块链技术和应用发展白皮书(2016)》(工业和信息化部发布)。

2016 年 12 月《国务院关于印发"十三五"国家信息化规划》。

2017 年 1 月《软件和信息技术服务业发展规划(2016—2020 年)》。

2017 年 8 月《关于进一步扩大和升级信息消费持续释放内需潜力的指导意见》。

2017 年 10 月《关于积极推进供应链创新与应用的指导意见》。

2018 年 3 月《2018 年信息化和软件服务业标准化工作要点》。

二、区块链起源

随着互联网的发展，我们从纸币过渡到"记账货币"，比如发工资只是在银行卡账户上做数字的加法，买衣服只是做减法。整个过程中都是银行在记账，且只有银行有记账权。在 2008 年全球经济危机中，美国政府因为有记账权，所以可以无限增发货币，让全球为他买单，中本聪觉得这样很不靠谱，就想创建一种新型支付体系，大家都有权来记账，货币不得超发，整个账本完全公开透明，十分公平。2008 年 11 月中本聪发表论文《比特币：一种点对点的电子现金系统》，阐述了关于比特币的构想，这标志着比特币的问世。2009 年 1 月，随着首个比特币客户端的发布，比特币交易网络正式上线，而它的发明人中本聪通过挖矿的方式，获得首批 50 个比特币，按照目前最新的行情价格，1 比特币相当于 7 万人民币，中本聪最初持有的这个比特币已经价值 300 多万，2017 年 12 月，比特币达到 19 850 美金。

区块链起源于中本聪的比特币，作为比特币的底层技术，所以我们在学习区块链之前，首先要了解什么是比特币。

最近几年，比特币似乎成了一种人人都在谈论却没有几个人能懂的东西，有人说他是货币,但是和我们常用的货币又不太一样,那么比特币到底是什么呢?从本质上来说,我们可以把整个比特币系统看成是存活在网络上的一套超级复杂的数学系统,在这个数学系统里有 2 100 万个数学难题,人人都可以用计算机作为工具来解题,谁最先算出一道数学题,谁就能获得一些比特币作为奖励,那说到底比特币就是一串数字代码,凭啥能当钱用? 其实我们现在使用的货币本身也是没有价值的,只是一些花花绿绿的纸,而我们之所以愿意接受这些纸片,就是因为我们知道别人也同样会接受这些纸片,所以,只要一样东西得到了大家的认同,那即使是一块石头,也可以充当交易媒介,也就是货币。比特币也不例外,虽然大部分国家仍将比特币当成一种商品对待,但德国等国家已将比特币认定为货币,不少商店也支持用比特币买东西。2010 年 5 月,美国发生了第一笔用比特币购买食物的交易,所以比特币就成了一种小范围的虚拟货币。但问题又来了,为什么人们已经有了人民币、美元、欧元那么多货币,却还要倒腾出一个比特币呢? 它又有什么特别之处呢?之前说过,我们愿意接受那些花花绿绿的纸片作为货币,是因为大家都认同这些纸片的价值,这是因为这些纸片的背后是由国家信用支撑的,比如法律规定这些纸片是国家的法定货币,用来偿还债务时必须得接受,因此这些纸片才拥有了价值,但比特币却不一样,从本质上来说,比特币只是一串隐藏在互联网中的代码,它的背后并没有国家信用的保障,法律也不会规定一定要接受比特币,所以如果大家都不认,比特币就真是一串毫无用处的代码而已,但如果得到大家的认同,比特币的这种特性也会变成优势,纸钞这样的法定货币由于和国家信用相关,所以基本由政府掌控,但如果政府控制不住自己,多印钞票就会导致通货膨胀。比如在 2001 年 100 津巴布韦元可以兑换一美元,但到 2009 年就要 10 的 31 次方的津巴布韦元才能兑换 1 美元,这样导致普通人积累几十年的财富,一夜之间就消失了;但比特币却不一样,如果把比特币系统比作一个金矿的话,那么矿里的金币总量受到算法的限制,一共只有 2 100 万个,挖完就没有了,而且由于人人都可以解数学题,所以比特币这个金矿由全体用户共同控制,人人都可以挖矿,也就是说任何政府都不能随意改变规则或独占金矿,所以比特币出现通货膨胀的可能性很低,所以如果比特币被广泛接受,那么其他货币也就不敢乱印了,否则人们就会纷纷转向使用比特币，让这些纸片真正变成废纸。当然，目前的比特币还有不少缺陷，比如价格波动极大，还可能存在不为人知的安全性问题，比如他的交易具有匿名性，容易被洗钱，行贿受贿等非法交易所利用，所以在我国，比特币并不是一种真正意义上的货币，最重要的是，比特币到底能否得到广泛的接受和认可，仍然是一件无法预料的事情，但无论如何如果能在货币世界中，多出一种选择，总不会是一件坏事。

三、谁是中本聪

中本聪是比特币的开发者兼创始者，但从来没有在现实中出现过，所以谁是中本聪呢？历史上出现过很多个"中本聪"。

2016 年，澳大利亚企业家克雷格·赖特（Craig Wright）已经公开证实，他就是比特币创始人"中本聪"（Satoshi Nakamoto）。

四、中本聪的继任者——加文·安德烈森

加文·安德烈森是比特币核心开发团队的成员之一，也是中本聪从互联网上销声匿迹之前用邮件保持联系的少数几个人之一。

2010 年，加文开始接触比特币，并开始向中本聪提交代码，以优化比特币的核心系统，中本聪逐渐对加文的代码有了信赖。

最终有一天，中本聪问加文是否可以把他的邮箱放在比特币的主页上，加文同意了。从此，中本聪退到了幕后，加文变成了比特币的领导者。

五、区块链是什么

区块链源于比特币的底层技术，和比特币是相伴相生的关系，区块链是几种成熟技术的巧妙组合。

区块链是一种新型去中心化协议，能安全地存储交易或其他数据，信息不可伪造和篡改，可以自动执行智能合约，无需任何中心化机构的审核。交易既可以是比特币这样的数字货币，也可以是债券、股权、版权等数字资产，大大降低了现实经济的信任成本与会计成本，重新定义了互联网时代的产权制度。

六、区域链的发展历史

比特币：人类历史上最大规模的信任实验。

数字货币:从野蛮生长到监管趋严的疯狂泡沫。

区域链:技术底层的突破式信任规则。

联盟链:适合商业环境的特化型区块链架构。

七、区域链的本质

交易:指一次对账本的操作,如一笔转账,一次所有权的变更等。

区块:将一段时间内所有交易和状态打包成为一个区块。

区块链技术是指一种全民参与记账的方式。所有的系统背后都有一个数据库,你可以把数据库看成是一个大账本。目前是各自记各自的账。

区块链是分布式数据存储、点对点传输、共识机制、加密算法等计算机技术的新型应用模式。

区块链是比特币的一个重要概念,它本质上是一个去中心化的数据库,同时作为比特币的底层技术,是一串使用密码学方法相关联产生的数据块,每一个数据块中包含了一批次比特币网络交易的信息,用于验证其信息的有效性(防伪)和生成下一个区块。

块链式数据结构(狭义区块链):区块以时间顺序前后相连,组成一种块式数据结构,即"区块链"一次的由来。

分布式账本(广义区块链):多参与方各自部署、互联互通,构成分布式网络。

共识算法:针对区块链上发生的交易,保障区块链所有节点数据一致性。

智能合约:一段部署在区块链上可自动运行的程序,可以自动地执行预先定义好的规则和条款,通过减少人为干预的风险,提升交易执行的安全与可信程度。

块链式数据结构:一段时间内的交易数据打包成区块,再将多个区块按时间顺序有序链接的一种数据结构,用来确保数据的不可篡改性。

八、区块链的数据特性

分布式账本:全网广播,全网复制。

链式数据:结构数据块按时间先后由加密算法链接。

全网时间戳:全网共识算法统一同步时间,所有交易产生以时间先后相连。

非对称加密机制：密码学机制确保使用者匿名，但交易记录根据公开地址全程可追溯。

共识机制：基于可插拔的共识机制，满足联盟链商用对安全、隐私、监管、审计、性能的需求。

九、区块链的分类

公有链：节点任意进出，信息完全公开。

联盟链：内部指定多个记账节点（共享账本），其他接入节点可以根据相应规则参与交易，但不过问记账过程。

私有链：仅仅使用区块链的总账技术进行记账，与其他的分布式存储方案没有太大区别。

十、区块链的发展阶段

1.0 的区块链是专用的区块链，专门用来承载数字货币。

2.0 的区块链有了智能合约，也就是可以开始做货币以外的事情。

3.0 的区块链作为一个应用平台，上面有大量的去中心化应用。

十一、区块链的应用价值

分开式总账：公开账本、自动清结算。

隐私保护：数据加密、可信计算。

信任链：不可篡改、不可抵赖。

多中心化：共识记账、节点共治。

第二节　实际应用

一、区块链的主要应用场景

区块链主要解决交易的信任和安全问题，主要特点是分布式账本、非对称加密、共识机制与智能合约。

主要应用场景有金融领域、证券交易、电子商务、物联网、社交通讯、文件存储、存在性证明、身份验证、股权众筹。

二、区块链技术应用

2018 年 6 月 28 日上午，全国首例区块链存证案在杭州互联网法院一审宣判，原告借助保全网平台对被告的侵权网页予以取证，互联网法院基于保全网的取证，综合认定被告公司侵权。杭州互联网法院对电子数据存证方式给予认可，并在判决中较为全面地阐述了区块链存证的技术细节以及司法认定尺度。

中国互联网金融协会正基于区块链理论与实务研究成果，研究建立完善区块链金融自律管理机制，稳步推进区块链金融应用系统通用评价规范、区块链跨链协议、区块链开源软件测评等标准研制，探索将区块链技术应用于互联网金融登记披露、金融 APP 备案管理、供应链金融数字信息服务、医疗物资公益捐赠存证等行业自律管理工作，推动区块链与金融更好地融合发展，助力健全具有高度适应性、竞争力、普惠性的现代金融体系。

区块链金融，其实是区块链技术在金融领域的应用。区块链是一种基于比特币的底层技术，本质其实就是一个去中心化的信任机制。通过在分布式节点共享来集体维护一个可持续生长的数据库，实现信息的安全性和准确性。

政务链是政务服务区块链平台，可将大多数类型的政府部门机构、事业单位、社会活动等的业务转移到区块链中，所有业务由智能法律和智能合约驱动。

区块链具有 4 个基本功能：

(1)金融功能。

(2)登记注册机构。

(3)智能合约算法。

(4)智能法律框架和执行机制。

三、区块链+政府

商业贸易：区块链商业应用为商业模式的创新提供了巨大想象空间，区块链商业应用在金融、保险、供应链、医疗、能源、物联网等领域将发挥重大作用。

社会保障：据中国劳动保障报报道，近日，由中国社会保险学会、人社部信息中心、易保互联医疗信息科技(北京)有限公司共同举办的"区块链技术在社保服务领域的应用"研究课题启动暨研讨会在京举行。该项研究旨在探讨区块链技术在社保服务领域的应用和推广,将利用共识机制、可编程合约、分布式存储、数字签名等区块链核心技术提高社保服务水平。

2020 年 5 月 11 日,人力资源和社会保障部发布《关于对拟发布新职业信息进行公示的公告》。

(1)区块链工程技术人员:从事区块链架构设计、底层技术、系统应用、系统测试、系统部署、运行维护的工程技术人员。

(2)区块链应用操作员:区块链应用操作员为运用区块链技术及工具,从事政务、金融、医疗、教育、养老等场景系统应用操作的人员。

四、区块链+精准扶贫

精准扶贫是区块链 3.0,也是区块链政府的重要内容之一。区块链为政府管理和服务、社会治理提供了全新的思路和技术,利用区块链技术全程记录、顺序时间戳、不可篡改、可追溯、防伪造等,在精准扶贫的全链上从前端到末端对每一贫困人口精准识别、科学帮扶、有效退出和政府政策、资金、管理、监督进入区块链的各个,把传统的人员管理方式与区块链技术应用结合并行保持一致。

做好帮扶对象的精准识别是重要第一关,除采取传统的本人申请、各级部门的审核、公示公告工作流程外,采用大数据手段指纹或人脸识别手段,记录贫困人员原始的第一手资料,将其个人信息录入数据库进行筛选比对,识别出真实准确的贫困人口,进入区块链技术管理系统。在区块链上建立存储贫困人员数据构架,而这些数据可以被分析但同时保持私密性,并嵌入到政府帮扶政策和资金管理层用于精准兑现政策时使用。通过智能合约(自动执行)记录与区块链管理系统,对精准帮扶过程中每项措施落实情况在每个节点进行真实记录,开展全流程管理跟踪督促及有效监管,保证各个环节不走样、不截留、不挪用、避免人为造假、不公平行为,避免人为因素让政府的帮扶资金"衰耗"在路上,确保帮扶政策如实到位,解决各项政策到村到户"最后一米"的问题。同时,对帮扶群体采取多种措施:生产扶持、教育帮扶、医疗求助、电商帮扶、社会救助等,制定相应解决方案,解决精准扶贫的实际问题。创建区块链在精准扶贫应用的商业模式,通过建立诚信积分、智能合约管理资金、扶贫应用服务平等,调动社会各方面资源参与精准扶贫,促进社会、企业、扶贫对象等多方共赢,切实达到精准脱贫、实现全民小康的总目标。

区块链技术将成为下一代互联网数据库,当我们进入到区块链数据库,能够帮助政府在执行落实各项政策措施中做得更好、更实、更具有公信力。

五、政务数据共享流通

一种基于区块链的可信政务数据共享网络系统,其特征在于,包括业务部门、接入层和区块链网络,所述业务部门通过所述接入层与所述区块链网络进行信息交互;所述区块链网络包括若干节点服务器,所述节点服务器与所述业务部门对应连接;所述区块链网络还包括链代码以及基于链代码的公共账本,所述公共账本用于将所述业务部门的数据分散记录、存储在对应的节点服务器上,每个所述节点服务器均包括全量的业务数据;所述节点服务器还分别连接有用于对外数据交互的管理应用平台以及用于数据解密的解密服务器。

六、区块链+政务大数据赋能金融

场景模拟:银行需要对某小企业 A 进行贷前信用评估,发起请求查询 A 的违约记录,银保大数据平台向其他各银行、政务云平台获取 A 的违约记录,并对数据进行处理分析,将优化的结果输出给银行。

过程存证:平台对数据请求、调用记录、处理结果等数据流通的关键信息进行区块链存证,记录不可篡改,方便银保监局事后监管取证。万一发生数据泄露等安全事故,可溯源追责。

贡献激励:可通过区块链通证形式进行数据使用付费,对数据贡献设计激励机制,激发银行保险机构共享数据的积极性,既有利于提高数据质量也鼓励其拥抱监管。此外,区块链作为分布式账本方便使用者进行数据交易的清算和结算,提升效率。

七、溯源

商品溯源的区块链应用一般是用于食品、药品、特种行业(如电梯)等领域,其他领域溯源的必要性并不强。比如电子零部件,产品质量一般还好。

区块链在溯源上的优势本质上是用到电子存证的优势,区块链的数据不可篡改;觉得区块链天生的链式结构与溯源链完全吻合而产生优势,这个直觉是有偏差的。

区块链不能解决防伪,溯源和防伪是两件事,上链的是数据,但实物可能会被调换。一般的溯源方案都应该包含防伪方案的,比如茅台酒的包装、农产品的--袋的包装等。

我们可以考虑找一些提供防伪解决方案的伙伴来合作,以提供更完整的溯源解决方案。

地处江西南部的赣南地区,气候温和、降水充沛,无霜期长达近300天,到处都是层峦叠嶂的高、中、低山峰,与丘陵、岗地呈阶梯状分布着,土壤更是适合柑橘类果品种植的红壤土质,被认为是脐橙种植的特优区,也是世界脐橙种植的主产区,种植面积高居世界第一。2014年赣州脐橙种植面积达174万亩,脐橙产量预计120万t左右,产量居世界第三、亚洲第一。

"链橙"就是利用区块链智慧防伪,数据存真的特点,为赣南脐橙贴上独特的防伪标签。每一颗"链橙"都有自己专属的"身份证",实现赣南脐橙从田间到餐桌上的每一个环节都即时可追溯。

八、区块链的本质

如果能将区块链技术应用在供应链管理中,那么物品从生产到销售之间的任何一个运输交易节点都能够被永久记录,可以大大减少物品运输延期、运输成本增加以及人为错误的可能性。

许多初创公司都瞄准了区块链技术在供应链管理领域的应用,比如,Provenance公司正在打造一个可追溯材料产品运输流程的系统,Skuchain则提供了一个面向B2B贸易和供应链融资市场的区块链系统。

九、供应链金融

很多区块链公司都在供应链金融领域发力很早,投入很大,但是没听过很好落地运营的项目。

有的央企在搞供应链金融平台,本质上是利益分配的游戏,核心企业想要做中间商赚差价,而上游供应商企业对供应链金融的积极性一般。

有巨型的物流企业自建供应链金融平台,有的持有金融牌照,通过牌照的资金通道作用与央企合作,共同运营。

供应链运营平台一般都有供应链金融系统,相比来说基于区块链的供应链金融系统优势并不大。

供应链金融,是指以核心企业为依托,以真实贸易背景为前提,运用自偿性贸易融资的方式,通过应收账款质押、货权质押等手段封闭资金流或者控制物权,对供应链上下游企业提供的综合性金融产品和服务。供应链金融以核心企业为出发点,重点关注围绕在核心企业上下游的中小企业融资诉求,通过供应链系统信息、资源等有效传递,实现了供应链上各个企业的共同发展,持续经营。

相比传统供应链金融"商业银行+核心企业"的模式,当前整个供应链金融市场已经有了新的变化:

第一,真正实现"四流合一"。数据是开展供应链金融的核心,数据方从原来的核心企业拓展到物流公司、电商平台和 ERP 厂商等,从而有效实现商流、物流、资金流、信息流的四流合一,这与产业的互联网化与信息化程度提升有着直接关系。

第二,融资渠道更为多元化。除了传统的商业银行外,融资租赁、商业保理、小贷公司、担保公司和 P2P 平台的加入,大大拓展了供应链金融的融资渠道,不同的资金来源匹配不同的业务模式,从而让供应链金融的开展更为灵活。

第三,覆盖行业更为广泛。随着市场容量的不断扩张与信息化水平的持续提升,企业之间乃至行业之间的关系都变得更加紧密。由此一来,供应链金融正在从围绕着一个核心企业向形成一个关系到所有相关行业的产业生态圈转变,进而创造出更多的商机。

所以称供应链金融是优质资产,最主要原因便在于其风险可控程度较高。

首先,所有融资的信息可控。这当中包括资金流信息、票据凭证类信息以及物流信息。这些信息能确保真实有效,一来可以明确资金用途,并掌握资金款项的流向;二来可以确保借款人的真实信息及实际经营活动;三来可以掌控相关质押物,必要时可对质押物及时进行处置。如此一来,便将单个企业的不可控风险转变为整个供应链企业的可控风险,在给投资人提供安全的投资项目的同时,还能为企业上下游商家提供盘活资金的需求。

其次,有比较稳靠的还款来源。具体表现在通过操作模式的设计,将授信企业的销售收入自动导回授信银行的特定账户中,进而归还授信或作为归还授信的保证。典型的应用产品如保理,其应收账款的回款将按期回流到银行的保理专户中。

最后,资产端经营模式促使风险降低。由于资产端的经营模式基本上属于订单销售,确定性很高,经营风险或者销售风险大为降低。

除此之外,供应链金融还具有贷款周期较短、资金成本较低、收益率较高等特点,这些同样都是优质资产理应具备的要素。

十、其他金融(ABS)

2018年4月27日,在征求意见稿发布将近半年之际,"一行两会一局"联合发布了《关于规范金融机构资产管理业务的指导意见》,"资管新规"靴子正式落地,开启了大资管行业的统一监管的新时代。其中诸多条文都指向了对非标资产融资来源的进一步限制。在监管政策的步步紧逼下,非标资产规模萎缩几乎已成必然趋势,标准化资产的比例势必要继续加大。

根据资管新规第三条,银行、信托、证券等七类金融机构的各类"代客理财"产品被列为资产管理产品,并纳入严格的监管之中;而第十五条则拓宽了非标的界定范围,并对非标资金池和期限作出了禁止。但对于ABS,资管新规则是持"豁免"态度:"依据金融管理部门颁布规则开展的资产证券化业务,不适用本意见。"

足以见得,供应链金融ABS将会成为非标转标、打破非标限制的一大重要途径;而监管层对ABS业务的有意鼓励,则极有可能让ABS市场成为金融机构的新蓝海。

除了合规之外,供应链金融ABS还能够大大提升资产质量,具体表现在以下3方面:

第一,可以有效结合互联网金融和供应链金融的双方优势,提高资产池质量。基于互联网的供应链金融ABS产品可以充分利用互联网金融成本低、效率高、发展快的优势,又能依托供应链金融的贸易自偿性和大数据风控模式,减少管理弱和风险高的劣势,从而提高资产池的质量。

第二,可以分散风险。与其他资产证券化相似,供应链金融ABS给投资方带来的好处之一便是能显著分散风险,因为在各种产品的背后,所对应的是资产池而非某一个资产,而资产池的存在恰恰是为投资方提供风险分散的有效机制。

第三,提高核心企业的占款能力,营运资本需求下降。通过组织发行供应链金融 ABS,相当于核心企业给其供应商提供了一条边界稳定的融资渠道,有利于提高核心企业对供应商的占款能力。而储架发行制度的实施又进一步为供应商形成稳定的预期。占款能力的提升使得发行人所需营运资本规模下降,有利于其经营性现金流的提升和有息负债率的下降。

由此可见,供应链金融 ABS 的应用前景十分可期。

十一、医疗健康

区块链 3.0 概念扩展到金融以外领域的应用,预期将用于实现全球范围自动化物力资源以及人力资源分配,进而促成健康、物流等多领域规模协调。在医疗信息的快速崛起下,"互联网+医疗健康"、"医疗大数据" 等多种新进概念被提出,因区块链技术安全可信,数据不可篡改的优势,突破了医疗技术如何进行储存、管理等限制行业发展的瓶颈问题。

英国在 2016 年 12 月人工智能公司 deep-mind 曾发布过将会使用区块链技术中的分布式账本技术以保障患者个人隐私的安全。此公司在与英国国家医疗服务体系信托公司的合作中,是为医院开发病例数据储存模式,利用区块链技术储存分析患者的信息,并且会和医生护士进行患者信息的传递与监控。区块链技术的中心化以及完整透明化可以保证医生实时追踪患者健康情况,并进行会诊。

美国除了各大主要制药公司的追踪实验,其他各美国医疗卫生企业也开始探索区块链技术的应用前景。2018 年初,美国规模最大的物价医疗卫生企业开始利用区块链系统收集与医疗服务供应者相关的人口统计数据。值得一提的是,这项合作还吸引了一家医疗索赔处理机构与一个国家医疗测试实验室,外加多家相互竞争的主要健康保险公司;humana 与 Unitied Health Group。这就标志着健康保险行业有可能逐步接受在全行业层面共享并处理医疗卫生数据的新实践。

传统的医疗数据采用的储存策略,使大量的医疗数据集聚在医院信息的中心或者区域数据中心,因此中心承载的负荷会随着数据的增加而剧增,安全隐患便被暴露出来。2017 年美国的一家医疗企业由于管理失当,加上医院内部信息系统分散,致使 47.5GB 数据被泄露,其中包括了大概 15 万患者的个人隐私以及敏感信息。而区块链由于本身具有较为特殊的技术框架便能很好解决此项问题,其去中心化的特点可保证数据都在同一层级上,不会因为部分节点的损坏导致全局毁坏,并且降低了储存成本。区块链的技术更是保证了数据的来源正确因此在保证被恶意攻击减少了信息变质可能。其次在患者的医疗记录方面区块链技术通过哈希函数创建映射指针将区块链接成线,以此保证记录不可篡改。医疗健康数据区块链的技术还可以通过设置多层密钥进行隐私管理,比如不同人群会有不同的权限,加上每条的医疗记录也会有相应的医护人员进行确认,保证了区块链技术的透明性。最后今年医疗机构都建立了电子医疗管理系统,然而各个医疗系统间的数据共享却成为了一个难题,数据格式五花八门,若对机构进行管理以及授权会造成资源人力浪费。

十二、区块链与云计算

云计算通常指为企业、个人、客户,用来做开发测试生产的服务器计算存储网络资源。

云计算与公链之间是部署关系。公链都是有节点的,这些节点运行需要服务器资源来支撑。云计算公司可以为公链节点提供基础的运行环境。自从专业矿机和矿场的出现,使得基于 POW 共识机制的公链节点都不能使用云计算公司提供的传统 CPU 进行挖矿,取而代之的是 ASIC 芯片的专业矿机,但是很多算力平台系统还是部署在云计算公司的。

云计算与联盟链之间的关系就是区块链之于可信任的交易,好比 http 协议基于互联网。我们每个人每天都会接触网络 http 协议作为浏览网页的基础协议,让我们每个人都可以享受到互联网的便利。

区块链在互联网的基础之上并不是替代,而是要做到可信任的交易。在信息互联网连接的基础之上构建可信任的交易,做到价值互联网。在区块链的网络里资产是可以去流转的,尤其是数字资产。

十三、区块链与大数据

大数据一般指的是海量、复杂的数据集。传统的数据处理软件无法在合理的时长内捕捉并处理这些数据。这些大数据集包括结构化、非结构化和半结构化数据,每一种数据集都可以通过分析获得洞见。

究竟数据量多大才算"大数据"还有待商榷,但数据量通常为拍字节的倍数;对于最大的项目来说,数据量通常在艾字节范围内。

通常,大数据包括以下 3 个要素:海量的数据、各种类型的数据、数据处理和分析的速度。

构成大数据存储的数据来源为网站、社交媒体、桌面和移动应用等。大数据的概念来自于使组织能够实际运用数据的组件。此外,企业还可以用大数据解决许多业务问题,如:支持大数据的 IT 基础设施;应用于数据的分析;大数据项目所需技术;相关技能;以及对大数据有意义的实际用例等。

十四、区块链与物联网

(1)区块链和物联网都具有分布式特征。

(2)物联网中每一个设备都能管理自己在交互中的角色、行为和规则。

(3)物联网存在安全隐患,区块链为物联网提供自我治理的方法。

(4)降低成本:区块链无需中心服务器,规避昂贵的运维费用。

(5)隐私保护:区块链的所有传输和数据都经过严格的加密处理,用户的数据和隐私将会更加安全。

(6)身份鉴权:区块链的验证和共识机制有助于避免非法甚至是恶意的节点接入物联网。

(7)跨主体合作。

(8)可证可溯。

十五、区块链与电网

结合区块链的优势,区块链在电力能源行业的应用将会带来 2 个变革:透明调度交易,在确保数据安全的前提下,实现调度交易数据上链与标识,让调度交易的管理考核更透明;赋信电力市场,基于区块链天然信任机制,让智能合约实现市场规则,筑牢电力市场信任基础。

1. 调度透明考核框架

从习近平总书记关于大力推进区块链技术研究、应用和发展的重要讲话中可以看出,区块链技术作为一种颠覆性技术,其技术先进性获得了国家的高度重视和肯定,并将其纳入了国家发展战略。国家将大力鼓励社会各界开展区块链的自主创新,在国际竞争中抢占创新制高点,提升国际话语权和规则制定权。

国家政策的大力支持势必会引来区块链行业的竞相发展:就区块链技术研究而言,区块链技术发明专利的数量和质量也将会出现大幅的提升,自主创新的竞争会愈加激烈;就区块链产业发展而言,在政策的支持下,将会推动区块链技术在各行业的实践应用,有助于区块链生态产业链的形成,相关行业技术标准也会不断涌现;就区块链的推广应用而言,区块链将广泛深度地应用于新能源交易、智慧城市、便捷政务、教育、医疗等相关领域。可以说,区块链技术已成为新技术革命的最强风口。

前期,国家电网公司党组战略指引、前瞻布局,为有力支撑"三型两网"世界一流能源互联网企业建设,经认真研究论证,成立了国网区块链科技(北京)有限公司,深入推进区块链技术的研究、应用,能源区块链平台被评选为工信部区块链试点示范项目,"基于可信区块链的新能源云"获评"2019 可信区块链高价值案例"。国家电网公司挂牌成立了工信部区块链重点实验室电力应用实验基地,并成功通过国家网信办的区块链信息服务单位备案,具备依法、合规对外开展区块链信息服务资格。作为在能源区块链领域的领跑者,相信下一步国家电网公司也将承担更大的社会责任,积极推广经验成果,助力国家区块链自主创新的突破。

2. 调度考核评价系统

一种基于区块链的电力调度系统数据处理方法及装置,所述方法包括:利用至少一个数据采集设备,获得发电厂站的至少一项电力数据;将所述电力数据存储至区块链服务平台中,所述区块链服务平台中还存储有所述电力调度系统考核对应的智能合约;根据所述区块链服务平台中的智能合约,对所述区块链服务平台中的电力数据进行处理,以得到所述电力数据的考核结果。可见,本申请中将电力数据存储至区块链服务平台中,保障电力数据的安全性的同时,利用区块链服务平台存储用于数据考核的智能合约,避免考核被篡改的情况,进而保障数据考核所得到的考核结果的准确性及可追溯性。

3. 调度考核评价系统流程

一种基于区块链的甩挂调度方法及系统、调度中心节点,涉及甩挂调度领域。基于区块链的甩挂调度方法包括所述排序节点接收采集的业务数据和物联网数据;所述排序节点对接收的所述业务数据和物联网数据按照时间排序后,写入区块,存储至区块链网络;所述调度中心节点根据其对应的区块链账本上的所述业务数据和物联网数据调度挂头去运输相应的挂箱。本发明的调度中心节点根据区块链网络信息共享、不可篡改的特性,得到实时、准确的各种信息,保证了智能化调度的准确性,省掉了大量的人工成本,提高物流运输效率。

4. 智能合约实现模型

近年来,区块链技术得到越来越多的关注,有人认为区块链技术是继蒸汽机、电力、互联网之后的又一次社会性的工业革命。区块链技术以其去中心、去信任、数据不可篡改和可追溯等特点,在数字货币方面已经展现出了特别的优势,传统金融机构纷纷开始研究如何应用区块链技术。同时,随着国家"放开两头,管住中间"电力体制改革思路的提出,出现了大量分布式电源,这些分布式电源的并网会导致电网运行不稳定,管理难度大大增加,迫切需要一种能够实现分布式电源直接就近交易的解决方案。通过深入研究区块链技术,建立基于区块链智能合约技术的智能电网系统,解决了分布式电源直接交易中双方互不信任的问题,促进了电力交易市场化,同时还能够强化政府在电网、输配电环节的管理作用。首先,对区块链技术做了深入的分析,研究了 hash 算法、非对称加密算法、对等网络、共识机制、Merkle 树等区块链的底层技术,并研究了以太坊以及智能合约技术。通过以太坊提供的智能合约技术,实现电力交易计量自动化和智能化。建立区块链私有链,将合约部署到私有链中,借助区块链去中心、数据不可篡改和可追溯的特点,使电力数据的存储更加安全,电力交易更加可信,电力调度更加透明。其次,通过编写智能合约,实现了电能交易合约化,最后搭建了用户侧和管理员侧的分布式应用平台。具体有为用户建立分布式数据查询和交易平台,方便发电和用电用户实时查询自己的电力数据,用电用户通过平台选择发电用户购买电能,发电用户通过平台向购电用户售卖电能,分布式的应用平台完美实现了用户和区块链之间的交互。另一方面,为电力管理机构建立电力管理平台,管理机构可以通过平台管理用户,管理员在用户注册界面给用户授权,在查询界面实时查询用户数据,管理员还可根据电网实时运行情况,通过电力调度界面,向用户发送调度信息,用户收到调度信息后作出相应处理。最终设计并实现一套基于区块链智能合约技术的智能电网系统,该系统不仅可以用于智能电网系统,其他能源交易也适用于本系统,为区块链技术在其他领域的应用做出了尝试。

第三节　常见问题

　　10 支军队去攻打敌人, 这 10 支军队只能分散在敌人的四周来进行攻击, 而敌人的实力同时可以抵御 5 支军队的袭击。将军们就必须依靠军中的信使, 通过相互通信来协商进攻意向和时间。

　　将军们要如何确保这些信使的忠诚, 避免他们当中会有敌人混进去, 导致信息传递有误呢? 在这种状态下, 如何找到一种分布式的协议来让他们有效远程协商、从而赢取战斗呢?

　　将这个问题引申到互联网的通讯中, 就是说任何两个用户(军队)所传递的信息由于系统(信使)的出错, 导致信息传递有误, 从而影响系统(军队)的一致性, 给双方带来严重的损失。

　　区块链的技术就很好地解决这一问题。以比特币为例, 比特币是通过基于哈希算法的工作量证明机制发送信息, 以最先成功算出哈希值的计算机为准, 就会给所有计算机发出信息, 说这个算式已经被我算出来了, 计算就会自动结束。于是就接着下一个新的"算法", 这样就能够保证大家都使用着同一版本的账本, 将军问题也就能够得到解决。

　　将军的故事最后, 数学家们设计了一套算法, 让将军们在接到上一位将军的信息之后,加上自己的签名再转给除自己以外的其他将军,这样的信息模块就形成了区块链。

双花问题是关于货币被重复使用和记录的问题。

比如,用户 A 通过某个电子银行进行支付,但因系统出错,导致这笔款项被重复支付两次,给用户造成损失,即使能够挽回损失,也会给用户带来不好的体验。

而由于区块链的信息必须经过大部分的区块认同才能做效,具有很强的不可篡改性(除非有人能够同时入侵全世界大部分的电脑,但这个几乎是不可能实现的),所以有效的信息只会传递一次,避免了重复传递。

一、什么是区块链钱包

有 2 层含义:一是指比特币客户端(客户端一般指桌面客户端,钱包一般指轻量级的客户端或在线钱包);二是指存储比特币地址和私钥的文件。

区块链的钱包,是去中心化管理的,如果你的私钥丢失,是无法通过平台找回来的,私钥就是资产所有权的证明,你的私钥丢失了,就意味着你的资产丢失。

比特币钱包按照私钥的存储方式,可以分为冷钱包、热钱包 2 种。

比特币钱包里存储着我们的比特币信息,包括比特币地址(类似于你的银行卡账号)、私钥(类似于你的银行卡密码),比特币钱包可以存储多个比特币地址以及每个比特币地址所对应的独立私钥。比特币钱包的核心功能就是保护你的私钥,如果钱包丢失你将可能永远失去你的比特币。

二、什么是 51%攻击

所谓 51%攻击,就是利用比特币使用算力作为竞争条件的特点,使用算力优势撤销自己已经发生的付款交易。如果有人掌握了 50%以上的算力,他能够比其他人更快地找到开采区块需要的那个随机数,因此他实际上拥有了哪一区块的绝对有效权利。

第四节　应用展望

（1）推动新一代信息技术产业的发展。

（2）为经济社会转型升级提供技术支撑。

（3）培育新的创业创新机会。

（4）为社会管理和治理水平的提升提供技术手段。